全国高级技工学校电气自动化设备安装与维修专业教材

QUANGUO GAOJI JIGONG XUEXIAO DIANQI ZIDONGHUA SHEBEI ANZHUANG YU WEIXIU ZHUANYE JIAOCAI

电力电子变流技术

（第二版）

王现富　主　编

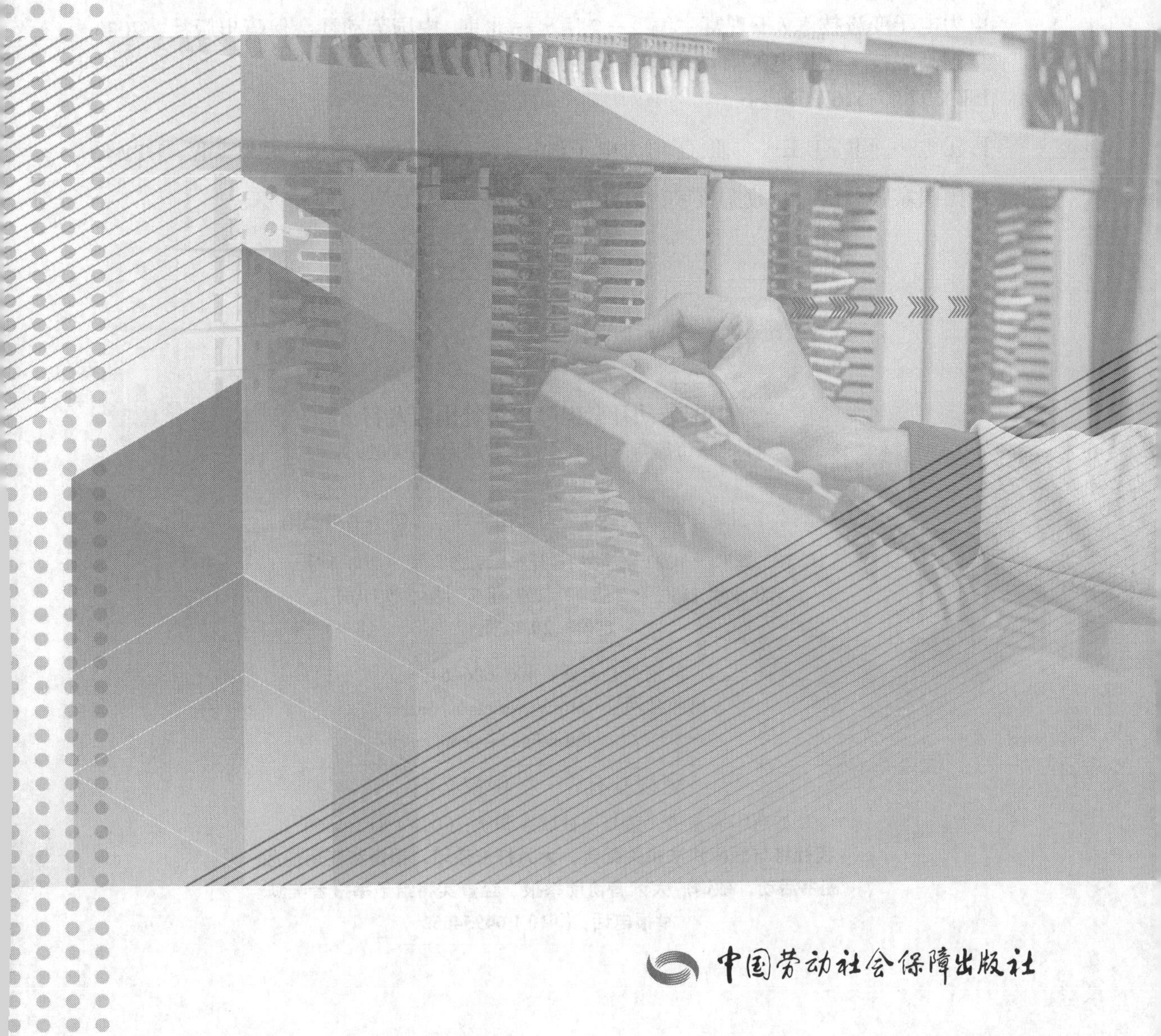

中国劳动社会保障出版社

内容简介

本书为全国高级技工学校电气自动化设备安装与维修专业教材，主要内容包括电力电子器件、晶闸管触发电路、单相可控整流电路、三相可控整流电路和有源逆变电路。全书结构合理、层次分明，书中每章内容都安排有丰富的教学实验或实训。

本书由王现富任主编，严奉莲、刘腾任副主编，田翠丽、李海雁参加编写；邱韶华审稿。

图书在版编目（CIP）数据

电力电子变流技术 / 王现富主编. -- 2 版. -- 北京：中国劳动社会保障出版社，2023
全国高级技工学校电气自动化设备安装与维修专业教材
ISBN 978-7-5167-6149-6

Ⅰ. ①电… Ⅱ. ①王… Ⅲ. ①电力电子学 - 变流技术 - 技工学校 - 教材 Ⅳ. ①TM46

中国国家版本馆 CIP 数据核字（2023）第 197278 号

中国劳动社会保障出版社出版发行
（北京市惠新东街 1 号　邮政编码：100029）
*
北京市科星印刷有限责任公司印刷装订　　新华书店经销

787 毫米 ×1092 毫米　16 开本　9.25 印张　208 千字
2023 年 11 月第 2 版　　2025年 7 月第 3 次印刷
定价：20.00 元

营销中心电话：400-606-6496
出版社网址：http://www.class.com.cn
http://jg.class.com.cn

版权专有　　　侵权必究
如有印装差错，请与本社联系调换：（010）81211666
我社将与版权执法机关配合，大力打击盗印、销售和使用盗版图书活动，敬请广大读者协助举报，经查实将给予举报者奖励。
举报电话：（010）64954652

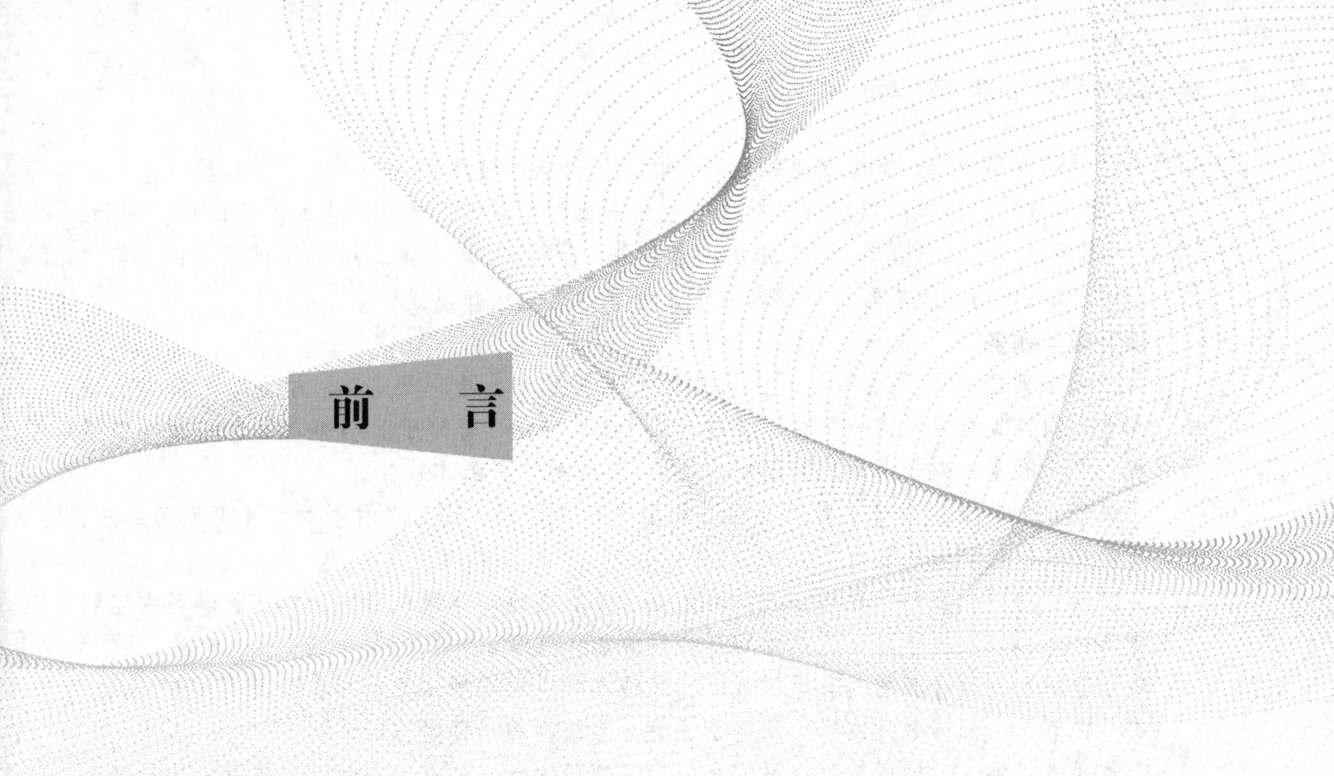

前 言

为了更好地适应高级技工学校电气自动化设备安装与维修专业的教学要求，全面提升教学质量，人力资源社会保障部教材办公室组织有关学校的一线教师和行业、企业专家，在充分调研企业生产和学校教学情况、广泛听取教师使用反馈意见的基础上，吸收和借鉴各地技工院校教学改革的成功经验，对现有全国高级技工学校电气自动化设备安装与维修专业教材进行了修订（新编）。

本次教材修订（新编）工作的重点主要体现在以下几个方面。

更新教材内容

◆ 根据企业岗位需求变化和教学实践，针对初中生源和高中生源培养高级工的教学要求，确定学生应具备的知识与能力结构，调整部分教材内容，增补开发教材，使教材的深度、难度、广度与实际需求相匹配。

◆ 根据相关专业领域的最新技术发展，推陈出新，补充新知识、新技术、新设备、新材料等方面的内容，更新设备型号及软件版本。

◆ 根据现行的国家标准、行业标准编写教材，保证教材的科学性和规范性。

◆ 在专业课教材中进一步强化一体化教学理念，将工艺知识与实践操作有机融为一体，构建“做中学”“学中做”的学习过程；在通用专业知识教材中注重课堂实验和实践活动的设计，将抽象的理论知识形象化、生动化，引导教师不断创新教学方法，实现教学改革。

优化呈现形式

◆ 创新教材的呈现形式，尽可能使用图片、实物照片和表格等形式将知识点生动地展示出来，提高学生的学习兴趣，提升教学效果。

◆ 部分教材将传统黑白印刷升级为双色印刷或四色印刷，提升学生的阅读体验。例如，《工程识图与 AutoCAD（第二版）》采用双色印刷，《安全用电（第二版）》《机械常识（第二版）》采用四色印刷，使内容更加清晰明了，符合学生的认知习惯。

提升教学服务

为方便教师教学和学生学习，在原有教学资源基础上进一步完善，结合信息技术的发展，充分利用技工教育网这一平台，构建“1 种纸质资源（习题册）+4 种互联网资源（二维码资源、电子教案、电子课件、习题参考答案）”的教学资源体系。

习题册——除配合教材内容对现有习题册进行修订外，还为多种教材补充开发习题册，进一步满足学校教学的实际需求。

二维码资源——在部分教材中，针对重点、难点内容制作微视频，针对拓展学习内容制作电子阅读材料，使用移动设备扫描即可在线观看、阅读。

电子教案——结合教材内容编写教案，体现教学设计意图，为教师备课提供参考。

电子课件——依据教材内容制作电子课件，为教师教学提供帮助。

习题参考答案——提供教材中习题及配套习题册的参考答案，为教师指导学生练习提供方便。

电子教案、电子课件、习题参考答案均可通过技工教育网（http://jg.class.com.cn）下载使用。

致谢

本次教材的修订（新编）工作得到了辽宁、江苏、山东、河南、湖北、广东、广西等省（自治区）人力资源社会保障厅及有关学校的大力支持，在此我们表示诚挚的谢意。

人力资源社会保障部教材办公室

2022 年 5 月

目 录

第四章　三相可控整流电路　/ 90

第五章　有源逆变电路　/ 123

绪　论

电力电子技术的应用在人们的生活中随处可见，如调光台灯、变频空调、电动车以及动车组（见图 0–1）等，这些设备都用到了电力电子技术。那么，什么是电力电子技术？主要应用于哪些领域呢？

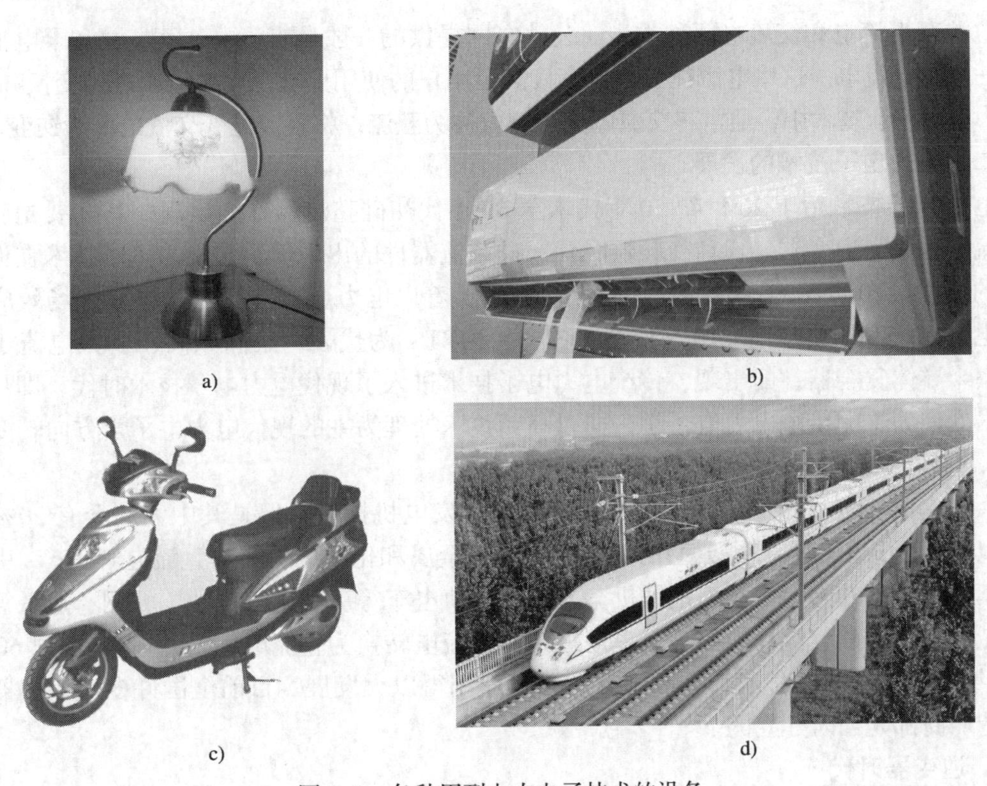

图 0–1　各种用到电力电子技术的设备
a）调光台灯　b）变频空调　c）电动车　d）动车组

一、电力电子技术简介

电力电子技术是电子技术的分支，电子技术包括信息电子技术和电力电子技术。其中，信息电子技术主要用于信息处理，包括模拟电子技术和数字电子技术；电力电子技术则主要用于电力领域，包括电力电子器件制造技术和电力电子变流技术，如图 0–2 所示。本教材主要讲授电力电子变流技术——电力电子器件的应用技术。

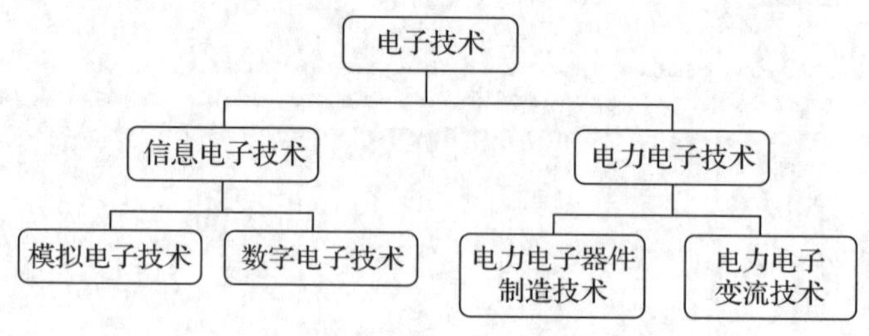

图 0–2　电子技术组成

电力电子变流技术是研究使用电力电子器件对电能进行变换和控制的技术，是介于电力、电子和控制之间的交叉学科，目前已深入到工业生产和社会生活的各个方面，在电力、工业、交通、航空航天等领域都具有广泛应用，是传统产业和高新技术领域不可或缺的关键技术。

电源有直流电和交流电两种类型。公共电网提供的一般是交流电，蓄电池和干电池等提供的一般是直流电。这些电源往往不能直接满足用户的使用要求，而是需要进行变换和控制。在电力电子变流技术中，通常将交流电变直流电称为**整流**，将直流电变交流电称为**逆变**。

二、电力电子技术的发展

电力电子技术始于 20 世纪 50 年代末至 60 年代初硅整流器件的出现，其发展先后经历了整流器时代、逆变器时代和变频器时代，硅整流器件的出现促进了电力电子技术在许多新领域的应用。20 世纪 80 年代末至 90 年代初，随着以电力金属 – 氧化物半导体场效应晶体管（电力 MOSFET）和绝缘栅双极型晶体管（IGBT）为代表，集高频高压和大电流于一身的功率半导体复合器件的出现，传统电力电子技术进入了现代电力电子技术时代，即从以低频技术处理为主的传统电力电子学，向以高频技术处理为主的现代电力电子学方向转变。

1. 整流器时代

大功率的工业用电一般由工频 50 Hz 的交流发电机提供，但是其中大约会有 20% 的电能是以直流形式消耗，其中典型的是电解（有色金属和化工原料需要直流电解）、牵引（电气机车、电传动的内燃机车、地铁机车、城市无轨电车等）和直流传动（轧钢、造纸等）三大领域。大功率硅整流器能够高效率地把工频交流电转换为直流电，因此在 20 世纪 60 年代和 70 年代，大功率硅整流管和晶闸管的开发应用得以大发展。目前全国许多硅整流器半导体制造厂商都是当时建立的。

2. 逆变器时代

20 世纪 70 年代世界范围内出现了能源危机，交流电动机变频调速因节能效果显著而迅速发展。变频调速的关键是将直流电逆变为 0 ~ 100 Hz 的交流电，随着变频调速装置的普及，用晶闸管、电力晶体管（GTR）和门极可关断晶闸管（GTO）实现大功率逆变成为当时电力电子变流技术的主要应用手段。不过，虽然当时的电力电子技术已经能够实现整流和逆变，但工作频率较低，仅局限于中低频范围内。

3. 变频器时代

进入20世纪80年代，大规模和超大规模集成电路技术迅猛发展，集成电路的精细加工技术和高压大电流技术有机结合，出现了一批全新的全控型电力电子器件，为现代电力电子技术发展奠定了基础。首先是电力MOSFET的问世，促进了中小功率电源向高频化发展，而后IGBT的出现，又为中大型功率电源向高频发展带来了机遇。电力MOSFET和IGBT的相继问世，是传统电力电子技术向现代电力电子技术转变的标志。据统计，到1995年底，电力MOSFET和GTR在功率半导体器件市场上各占一半份额，而随着IGBT的问世，用IGBT取代GTR在电力电子领域已成趋势。新型电力电子器件的发展不仅使交流电机变频调速有了更高的频率，性能更加完善可靠，同时也为用电设备的高效节能、小型轻量化、机电一体化和智能化提供了重要的技术基础。

三、电力电子技术的应用

电力电子技术在工业、交通运输、电力系统、新能源、家用电器等各领域都有广泛应用。

1. 电力电子技术在工业领域的应用

近年来，随着电力电子变频技术的迅速发展，交流电动机的调速性能可与直流电动机相媲美，这也促进了交流调速技术、变频技术在工业领域中的大量应用，甚至逐步取代了直流调速。例如，电化学工业中电镀、电解大量使用的直流电源，就是采用电力电子技术获得的整流电源，如图0–3所示。

a) b) c)

图0–3 各种变频器和电化学工业中使用的整流电源实物外形

a）富士变频器 b）电镀整流机 c）电解制氢电源

2. 电力电子技术在交通运输领域的应用

电力电子技术在交通运输领域的应用也很广泛。例如，在电气化铁道中，电力机车的直流机车采用整流装置、交流机车采用变频装置，尤其在磁悬浮列车中电力电子技术更是关键技术，如图0–4所示。此外，还有航空和航海，飞机、船舶需要使用各种不同要求的电源，也都离不开电力电子技术。

3. 电力电子技术在电力系统中的应用

目前，在所有能源中，电能约占40%，而电能中60%以上都经历过至少一次电力电子

a)

b)

图 0–4　电力机车和磁悬浮列车实物外形
a）电力机车　b）磁悬浮列车

装置处理，其中 55% 以上用于电动机和电动机驱动控制，20% 用于照明。据发达国家预测，今后会有 95% 的电能需要经过电力电子技术处理，也就是说工业和民用的各种机电设备，有 95% 与电力电子技术有关。如果电力电子技术运用得好，人类至少可以节约 1/3 的能源。

直流输电具有输电距离远、调节性能好、过电压幅值低、线路损耗小等优点，特别适用于远距离、大功率输电，其送电端的整流器和受电端的逆变器都采用了晶闸管变流装置，如图 0–5a 所示。

近年发展起来的柔性交流输电系统也是通过大功率电力电子器件构成的装置来控制调节交流电力系统的运行参数或网络参数，从而进一步优化电力系统运行状态，提高交流电力系统线路的输电能力，以获得最高的安全度和最低的输电成本，如图 0–5b 所示。

a)

b)

图 0–5　电力电子技术在电力系统中的应用示例
a）高压直流装置　b）柔性交流输电

4. 电力电子技术在新能源领域的应用

（1）在风力发电中的应用

风能是不能储存的能源，在风力发电系统中，MW 级双馈式风电机组变流器、MW 级直驱式风电机组变流器、风力发电机组变桨控制系统等都体现了电力电子技术的应用。其采用电力电子变流装置实现变速恒频双馈风力发电系统为风力发电机提供无功控制，利用静止无功补偿装置（SVC）支持交流风电输电的无功补偿，在电压源换流器（VSC）的基础上实现风电直流输电。正是由于电力电子技术的应用，才实现了风力电能的储存与变送，如图 0–6 所示。

图 0–6　风力发电装置

（2）在太阳能发电中的应用

太阳能作为清洁的可再生能源，越来越受到人们的重视，应用领域也越来越广泛。目前在太阳能的开发利用中，使用最多的是太阳能光电技术、太阳能光热技术和太阳能光伏发电技术，如图 0–7 所示。

图 0–7　太阳能发电

太阳能光电技术是利用太阳能电池将太阳能转化为电能并储存在蓄电池中，用电时，电能在放电控制器控制下释放出来。目前主流的太阳能电池是硅太阳电池，它分单晶硅电池、多晶硅电池和非晶硅电池。整个光电系统由太阳能电池板、蓄电池负载和控制器组成。

太阳能光热技术是利用光学系统把太阳辐射能聚集起来给水加热产生蒸汽，然后通过汽轮机、发电机来发电。与光伏发电相比，其效率高、结构紧凑、运行成本低，在温室大棚和太阳能热水器等领域运用比较广泛。

太阳能光伏发电技术是利用太阳能光伏逆变器把太阳能电池板获得的原始低压直流电变换为所需的交流电，然后直接供负载使用或馈入市电。由于太阳能电池板获得的电流、电压和功率大小受很多因素影响并不稳定，因此要想获得可靠能直接使用的电能，必须用电力电子器件对光伏发电产生的直流电进行升压、变换等处理。

5. 电力电子技术在家用电器中的应用

电力电子技术广泛用于各类家用电器，与我们的生活十分贴近，如节能灯、变频空调、电视机、音响设备、计算机、洗衣机、电冰箱、微波炉等，这些家用电器都利用了电力电子技术来控制其工作过程。

从电力电子技术的应用，我们可以看到，这是一门存在于我们身边的技术，同时也是一门不断发展的技术。从人类对宇宙和大自然的探索，再到国民经济的各个领域以及我们的衣食住行，都能感受到电力电子技术的存在和巨大魅力。我们生活在一个离不开电的时代，电力电子技术的发展使我们提高了用电的效能、改善了生活的环境、跃升了生活的品质，这也是激发许多学者和工程技术人员学习、研究电力电子技术并使其飞速发展的关键所在。

第一章 电力电子器件

在电力设备和电力系统中，直接承担电能变换或控制任务的电路称为主电路。电力电子器件就是可直接用于主电路实现电能变换或控制的电子器件。就像晶体管和门电路等电子器件是模拟和数字电子电路的基础一样，电力电子器件则是电力电子电路的基础。

目前，常用的电力电子器件都是半导体材料制成，可按以下四种情形分类：

1. 按电力电子器件被控制电路信号控制的程度分类

（1）半控型器件，例如，晶闸管；

（2）全控型器件，例如，GTO、GTR、电力 MOSFET、IGBT；

（3）不可控器件，例如，电力二极管。

2. 按驱动电路加在电力电子器件控制端和公共端之间信号的性质分类

（1）电压驱动型器件，例如，IGBT、电力 MOSFET、SITH（静电感应晶闸管）；

（2）电流驱动型器件，例如，晶闸管、GTO、GTR。

3. 按驱动电路加在电力电子器件控制端和公共端之间的有效信号波形分类

（1）脉冲触发型，例如，晶闸管、GTO；

（2）电子控制型，例如，GTR、电力 MOSFET、IGBT。

4. 按电力电子器件内部电子和空穴两种载流子参与导电的情况分类

（1）双极型器件，例如，电力二极管、晶闸管、GTO、GTR；

（2）单极型器件，例如，电力 MOSFET、SIT（静电感应晶体管）；

（3）复合型器件，例如，MCT（MOS 控制晶闸管）和 IGBT。

电力电子器件中，晶闸管是最基础、应用最广泛的电力电子器件，全称硅晶体闸流管，简称晶闸管（SCR），俗称可控硅。自 20 世纪 50 年代问世以来，晶闸管已经发展成一个大家族，主要成员有普通晶闸管、双向晶闸管、光控晶闸管、逆导晶闸管、可关断晶闸管、快速晶闸管等。本章主要介绍最为常见的普通晶闸管，如不特别说明，书中所述晶闸管都指普通晶闸管。

§1-1 晶闸管的工作原理

学习目标

1. 了解晶闸管的基本结构和命名
2. 理解晶闸管的工作原理
3. 掌握晶闸管的导通及关断条件

一、晶闸管的结构和命名

1. 晶闸管的结构

晶闸管由四层半导体组成，共有三个电极：阳极 A、阴极 K 和门极 G（控制端），其结构和图形符号如图 1-1 所示。

晶闸管主要有三种外观：塑封型、螺栓型和平板型，如图 1-2 所示。塑封型晶闸管的额定电流多为 5 A 以下，螺栓型一般为 5 A 以上至 200 A 以下，平板型则为 200 A 以上。

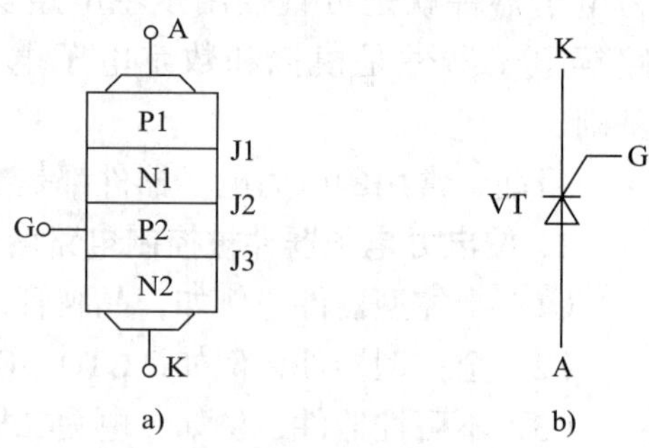

图 1-1 晶闸管的结构及图形符号
a）结构 b）图形符号

带散热片直插式

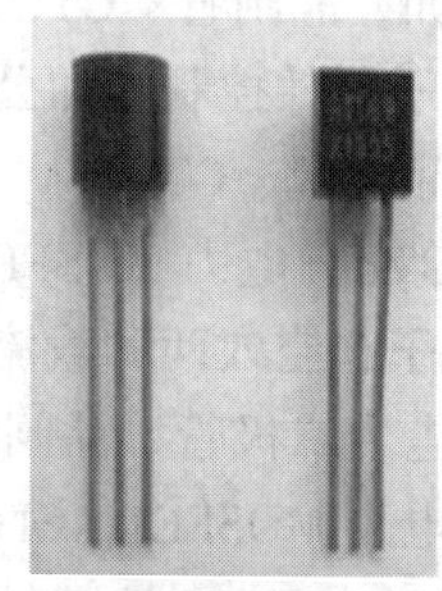

不带散热片直插式

贴片式

a)

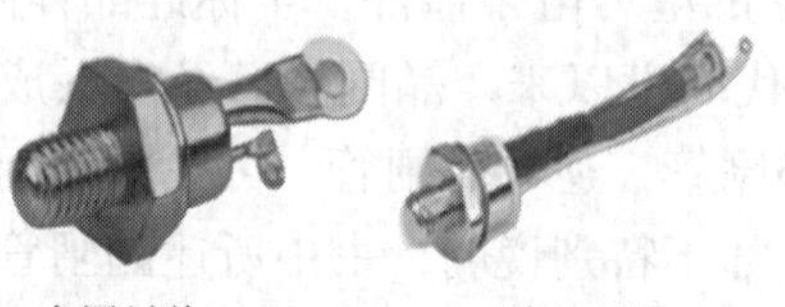

金属封装

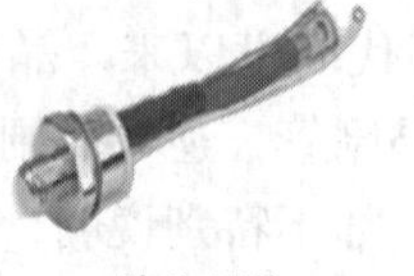

陶瓷封装

b)

平板封装（凹型）

平板封装（凸型）

c)

图 1-2 晶闸管的外观
a）塑封型 b）螺栓型 c）平板型

螺栓型晶闸管有螺栓的一端是阳极，使用时将它固定在散热器上；另一端有两根引线，其中较粗的一根是阴极，较细的一根是门极。

2. 国产晶闸管的型号命名方法

国产晶闸管的型号命名（JB1144—75 部颁发标准）主要由主称、类别、额定通态电流和重复峰值电压级数四部分组成，各部分的含义如图 1–3 所示。

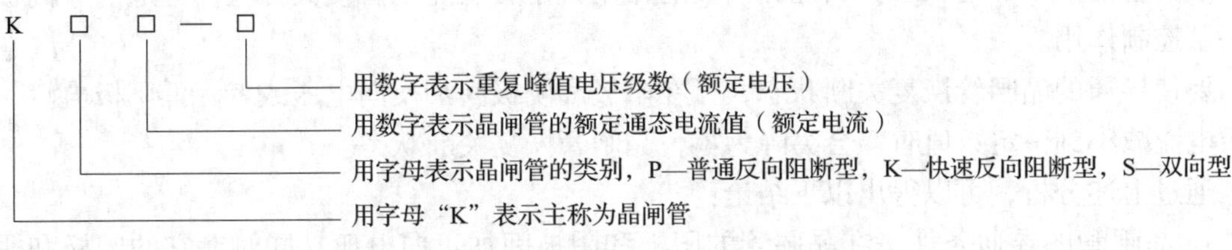

图 1–3　晶闸管型号命名的含义

例如，KP100—12 表示额定电流为 100 A，额定电压为 1 200 V 的普通反向阻断型晶闸管。KS 为双向晶闸管，KK 为快速晶闸管。

二、晶闸管的工作原理

晶闸管与二极管相似，都具有单向导电性，电流只能从阳极流向阴极，不同的是晶闸管具有正向阻断特性，即晶闸管阳极与阴极之间加正向电压时，管子不能正向导通，必须在门极和阴极之间加门极电压，使门极有足够的电流才能使晶闸管正向导通，因此晶闸管是可控整流器件。但是晶闸管一旦导通，门极就会失去控制作用，无法再通过控制门极电流使晶闸管关断，因此晶闸管是半控型整流器件。

晶闸管内部是由硅半导体材料做成的管芯，管芯是一个圆形薄片，它由 P 型和 N 型半导体组成四层 PNPN 结构，形成三个 PN 结：J1、J2 和 J3，如图 1–4 所示。由端面 N 层半导体引出阴极 K，由中间 P 层引出门极 G，由端面 P 层引出阳极 A，管芯决定晶闸管的性能。

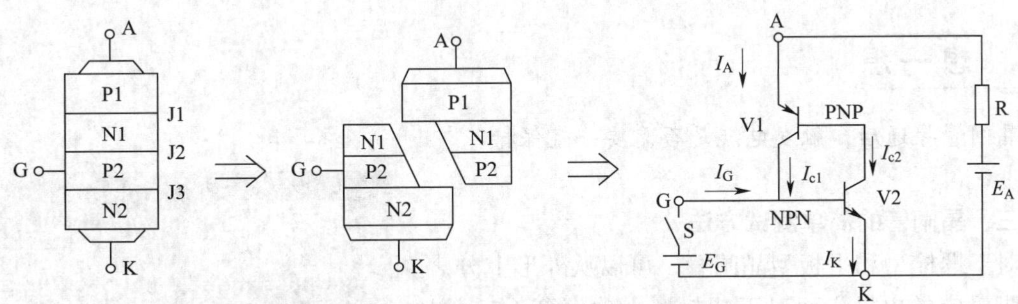

图 1–4　晶闸管的内部结构及等效电路

晶闸管可以看成一个 PNP 型和一个 NPN 型晶体管的连接体，其内部连接形式和等效电路，如图 1–4 所示。等效电路中，PNP 型晶体管 V1 的发射极相当于晶闸管的阳极 A，NPN 型晶体管 V2 的发射极相当于晶闸管的阴极 K。

当晶闸管阳极加正向电压，门极也加正向电压时，晶体管 V2 处于正向偏置，E_G 产生的门极电流 I_G 就是 V2 的基极电流，V2 的集电极电流 $I_{C2}=\beta_2 I_G$。而 I_{C2} 又是晶体管 V1 的基极电流，V1 的集电极电流 $I_{C1}=\beta_1 I_{C2}=\beta_1\beta_2 I_G$（$\beta_1$ 和 β_2 分别是 V1 和 V2 的电流放大系数）。电流 I_{C1} 流入 V2 基极被再次放大，这样循环下去便形成了强烈的正反馈，使两个晶体管很快达到饱和导通，这就是晶闸管的导通过程。导通后，晶闸管上的压降很小，电源电压几乎全部加在负载上，晶闸管中流过的电流即为负载电流。

晶闸管导通后，它的导通状态完全依靠管子本身的正反馈作用维持，即使门极电流消失，晶闸管仍处于导通状态。因此，门极的作用仅是触发晶闸管使其导通，导通后，门极就失去了控制作用。

要使导通的晶闸管恢复关断状态，可在阳极和阴极间加反向电压或者降低阳极电流，当阳极电流减小到一定数值时，会突降为零，晶闸管恢复关断状态。

通过上述分析，可以得出以下结论：

1. 晶闸管的导通条件是在晶闸管的阳极和阴极间加正向电压，同时在它的门极和阴极间也加正向电压，两者缺一不可。

2. 晶闸管一旦导通，门极即失去控制作用，因此门极所加触发电压一般为脉冲电压，晶闸管从阻断变为导通的过程称为触发导通。门极触发电流一般只有几十毫安到几百毫安，而晶闸管导通后，阳极和阴极之间可以通过几百安、几千安的电流。

3. 晶闸管的关断条件是当流过晶闸管的阳极电流 I_A 小于维持电流 I_H 时，晶闸管会自行关断。维持电流是保持晶闸管导通的最小电流。

上述分析中，对晶闸管施加的各种电压均应在额定电压范围内。如果施加正向电压超过某一数值，即便门极不施加触发电压，晶闸管也会导通，形成“误动作”；如果施加反向电压超过某一数值，晶闸管会反向击穿，造成永久性破坏，因此要注意避免。

想一想

晶闸管导通后，触发电流是否需要一直保持？

三、晶闸管的简单测试方法

对于螺栓型和平板型晶闸管，可以从外形上分辨其引脚对应的电极；而对于塑封型小功率管（5 A 以下），则可用万用表测试其正、反向电阻来判断其极性，并简单判断其好坏。

1. 小功率晶闸管管脚的判别

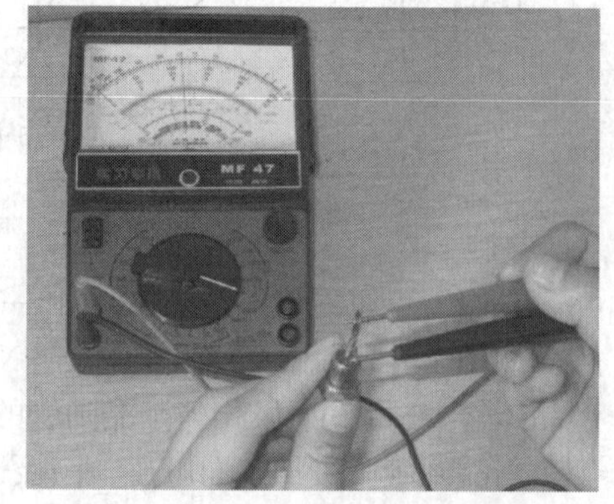

图 1–5　小功率晶闸管管脚的判别方法

小功率晶闸管管脚的判别方法如图 1–5 所示。用红黑表笔测量晶闸管其中两个电极，如果正向测量阻值（正向电阻）较小，反向测量阻值很大，以阻值较小的为准，黑表笔所接的是门极 G，红表笔所接的是阴极 K，另外一个则是阳极 A。

如果测得的正反向电阻都很大，则应调换管脚再次测试，直到测得的正反向电阻一大一小为止。

2. 晶闸管好坏的判断

晶闸管好坏的判断方法如图 1–6 所示。如果测得晶闸管阳极 A 与门极 G、阳极 A 与阴极 K

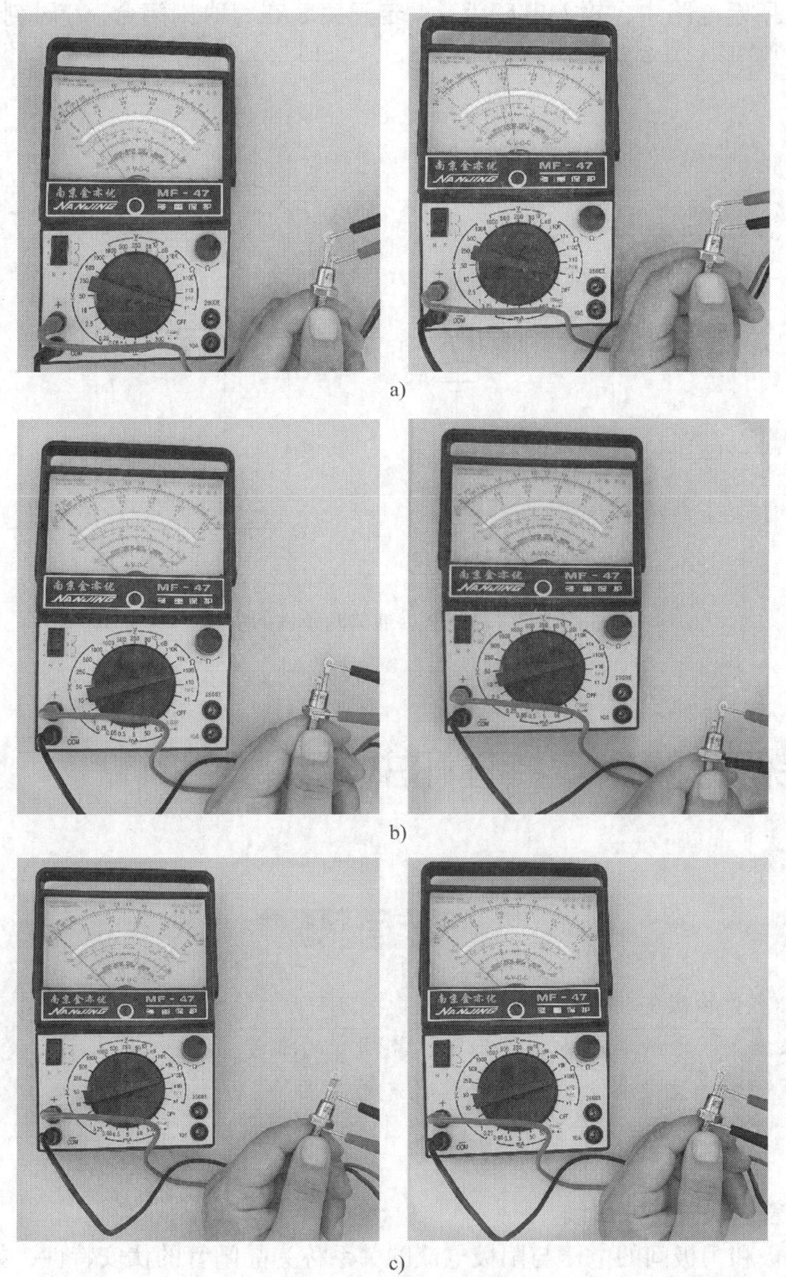

a)

b)

c)

图 1–6　晶闸管好坏的判断方法

a）G 与 K 间的正、反向电阻（R×1 挡） b）A 与 K 间的正、反向电阻　c）A 与 G 间的正、反向电阻

之间的正反向电阻均很大，而门极 G 与阴极 K 之间的正反向电阻有差别，说明晶闸管质量良好，否则，晶闸管可能已损坏。

思考与练习

晶闸管导通关断条件的应用

在图 1–7 所示电路中，输入电压为 u_i，若开关 S 在 t_1 时刻闭合，t_2 时刻断开，试画出 R_L 的电压 u_o 的波形（方向定义为右正左负）。

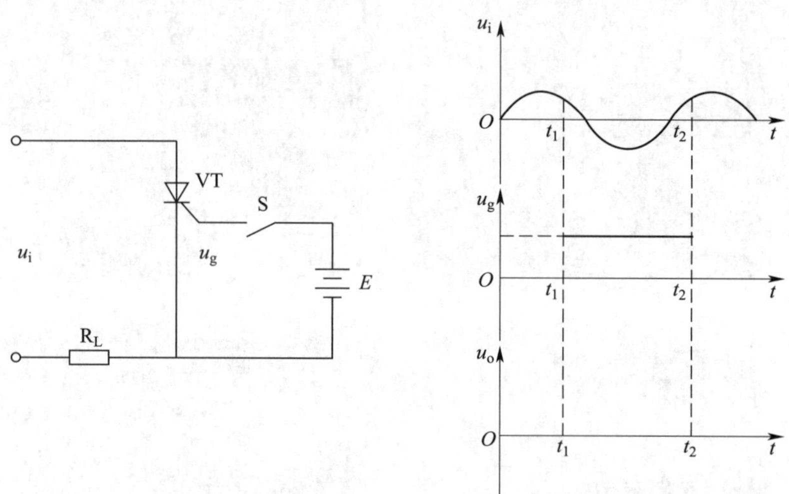

图 1–7　晶闸管导通关断条件的应用

§1–2　晶闸管的伏安特性和主要参数

学习目标

1. 掌握晶闸管的伏安特性曲线
2. 能够根据晶闸管的命名方法正确识读晶闸管的型号
3. 掌握晶闸管的主要参数，能根据参数选用晶闸管

一、晶闸管的伏安特性曲线

晶闸管阳极和阴极间的电压与阳极电流的关系称为晶闸管的伏安特性，如图 1–8 所示。晶闸管的伏安特性位于第一象限的是正向伏安特性，位于第三象限的是反向伏安特性。晶闸管的正向伏安特性有阻断状态和导通状态之分（简称断态和通态）。在门极电流 I_G=0 的情况

下，逐渐增大晶闸管的正向阳极电压，晶闸管先是处于关断状态，只有很小的正向漏电流，当正向阳极电压逐渐增加到正向转折电压 U_{BO} 时，漏电流会突然剧增，晶闸管的伏安特性曲线从高阻区（阻断状态）经负阻区（虚线）到达低阻区（导通状态），如图 1–8 所示，这种导通的方法称为晶闸管硬开通，容易造成晶闸管的损坏，正常情况下是不允许的。

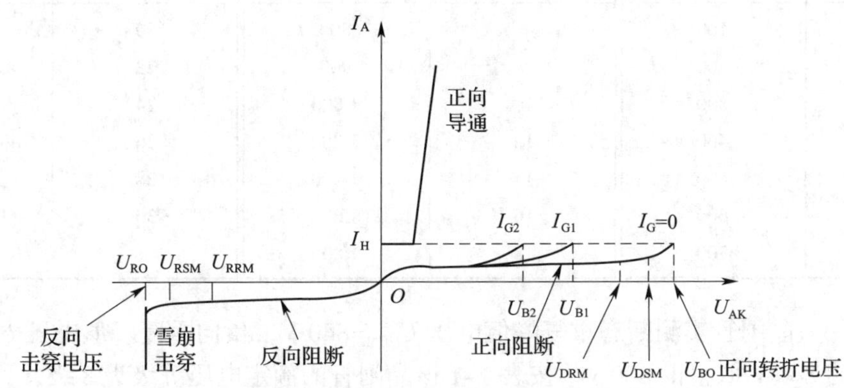

图 1–8　晶闸管的伏安特性曲线

当门极加上正向电压后，即 I_G>0 时，晶闸管仍有一定的阻断能力，此时晶闸管从正向阻断转换为正向导通所对应的阳极电压比 U_{BO} 要低，且 I_G 越大其相应的阳极电压越低。也就是说，在晶闸管的阳极施加一定的正向电压，再在其门极施加一个适当的触发电压和电流，晶闸管便能触发导通，这正是利用了晶闸管的可控导通性。晶闸管导通后可以通过很大的电流，而导通后的晶闸管本身压降很低，一般只有 1.0 V 左右，所以晶闸管导通后的伏安特性曲线靠近纵坐标而且陡直，与二极管的正向伏安特性曲线相似。

晶闸管的反向伏安特性是指晶闸管的反向阳极电压（阳极相对阴极为负电位）与阳极漏电流的伏安特性，它与一般二极管的反向伏安特性相似。正常情况下，当晶闸管承受反向阳极电压时，晶闸管总处于阻断状态。当反向电压增大到一定数值时，反向漏电流增长较快，若再继续增大反向电压，会导致晶闸管反向击穿，造成晶闸管损坏。

想一想

对比一下晶闸管和二极管的伏安特性曲线，看看有什么相同点和不同点？

二、晶闸管的主要参数

在实际使用中，一般要根据具体工作条件合理选择晶闸管，以达到最优的经济技术效果。为了正确选择和使用晶闸管，要了解和掌握晶闸管的主要参数。

1. 额定电压

当门极开路，晶闸管处于额定结温时（结温即电子设备中半导体的实际温度，在操作中通常较封装外壳温度高）测定的正向不重复峰值电压 U_{DSM} 和反向不重复峰值电压 U_{RSM} 的 90%，被称为断态重复峰值电压 U_{DRM} 和反向重复峰值电压 U_{RRM}。将 U_{DRM} 和 U_{RRM} 中较小的一个按百位取整后，所得结果即为该晶闸管的额定电压 U_{Tn}，晶闸管的额定电压通常用电压等级来表示，见表 1–1。

表 1–1　晶闸管的额定电压等级

级别	额定电压 /V	级别	额定电压 /V	级别	额定电压 /V
1	100	8	800	20	2 000
2	200	9	900	22	2 200
3	300	10	1 000	24	2 400
4	400	12	1 200	26	2 600
5	500	14	1 400	28	2 800
6	600	16	1 600	30	3 000
7	700	18	1 800		

例如，一只晶闸管实测断态重复峰值电压 U_{DRM}=840 V，反向重复峰值电压 U_{RRM}=960 V，将二者较小的 840 V 取整得 800 V，按表 1–1 该晶闸管的额定电压等级为 8 级。

使用晶闸管时，若外加电压超过反向击穿电压，会造成晶闸管永久性损坏；若超过正向转折电压，晶闸管就会误导通，经数次误导通，晶闸管也会损坏。此外，晶闸管的耐压性还会因散热条件恶化或结温升高而降低。因此，选用晶闸管时应充分留有裕量，一般应按工作电路可能承受的最大瞬时电压值 U_{TM} 的 2 ~ 3 倍选择晶闸管的额定电压，即

$$U_{Tn}=(2\sim3)U_{TM} \tag{1-1}$$

2. 额定电流

晶闸管的额定电流 $I_{T(AV)}$ 也称额定通态平均电流，指在环境温度为 40 ℃和规定的冷却条件下，稳定结温不超过额定结温时晶闸管所允许流过的最大工频正弦半波电流平均值，通常所说晶闸管是多少安就是指这个电流。晶闸管的额定电流参数系列主要有 1、5、10、20、30、50、100、200、300 等。

按照规定条件，流过晶闸管的工频正弦半波电流波形如图 1–9 所示。

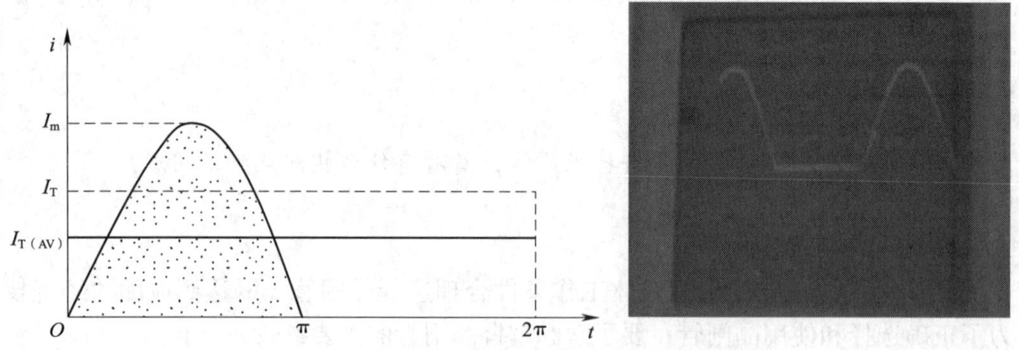

图 1–9　流过晶闸管的工频正弦半波电流波形

设电流峰值为 I_m，则通态平均电流为

$$I_{T(AV)}=\frac{I_m}{\pi} \tag{1-2}$$

该电流波形的有效值为

$$I_{\mathrm{T}}=\frac{I_{\mathrm{m}}}{2} \tag{1-3}$$

正弦半波电流的有效值与平均值之比称为波形系数 K_f。

$$K_{\mathrm{f}}=\frac{I_{\mathrm{T}}}{I_{\mathrm{T(AV)}}}=\frac{\pi}{2}\approx 1.57 \tag{1-4}$$

由上式可知，额定电流为 100 A 的晶闸管，其允许通过的电流有效值为 157 A。

对于不同的电路、不同的负载、不同的导通角，流经晶闸管的电流波形不一样，它的电流平均值和有效值的关系也不一样。选择晶闸管额定电流时，要依据实际电流波形的有效值与额定电流的有效值 $I_{\mathrm{T(AV)}}$ 相等的原则（即管芯结温一样）进行换算，即

$$I_{\mathrm{T}}=1.57I_{\mathrm{T(AV)}}$$

$$I_{\mathrm{T(AV)}}=I_{\mathrm{T}}/1.57$$

由于晶闸管的过载能力差，选用时一般取 1.5 ~ 2 倍的安全裕量，即

$$I_{\mathrm{T(AV)}}=(1.5\sim 2)\,I_{\mathrm{T}}/1.57 \tag{1-5}$$

【例 1–1】 一只晶闸管接在 220 V 交流电路中，通过器件的最大电流有效值为 50 A，问应选择什么型号的晶闸管？

解： 晶闸管额定电压

$$U_{\mathrm{Tn}}=(2\sim 3)\,U_{\mathrm{TM}}=(2\sim 3)\sqrt{2}\times 220\ \mathrm{V}\approx 622\sim 933\ \mathrm{V}$$

按晶闸管参数系列可取 700 V，即 7 级。

晶闸管额定电流

$$I_{\mathrm{T(AV)}}=(1.5\sim 2)\frac{I_{\mathrm{T}}}{1.57}=(1.5\sim 2)\times\frac{50\ \mathrm{A}}{1.57}\approx 48\sim 64\ \mathrm{A}$$

按晶闸管的额定电流参数系列可取 50 A，所以晶闸管型号可选 KP50—7。

3. 通态平均电压

在规定的环境温度和标准散热条件下，晶闸管通以正弦半波的额定电流并达到稳定的额定结温时，晶闸管阳极与阴极之间电压降的平均值，称为通态平均电压 $U_{\mathrm{T(AV)}}$，其分组列于表 1–2。

表 1–2　晶闸管正向通态平均电压的组别

组别	A	B	C	D	E
通态平均电压 /V	$U_{\mathrm{T}}\leqslant 0.4$	$0.4<U_{\mathrm{T}}\leqslant 0.5$	$0.5<U_{\mathrm{T}}\leqslant 0.6$	$0.6<U_{\mathrm{T}}\leqslant 0.7$	$0.7<U_{\mathrm{T}}\leqslant 0.8$
组别	F	G	H	I	
通态平均电压 /V	$0.8<U_{\mathrm{T}}\leqslant 0.9$	$0.9<U_{\mathrm{T}}\leqslant 1.0$	$1.0<U_{\mathrm{T}}\leqslant 1.1$	$1.1<U_{\mathrm{T}}\leqslant 1.2$	

额定电流大小相同的晶闸管，通态平均电压小的耗散功率小，管子质量好。

4. 门极触发电流和门极触发电压

在室温条件下，晶闸管加 6 V 正向阳极电压时，使晶闸管完全导通的最小门极电流称为门极触发电流 I_{GT}。对应于门极触发电流的最小门极电压称为门极触发电压 U_{GT}。

同一工厂生产的同一型号晶闸管，由于门极特性的差异，其触发电流、触发电压相差很大。触发电压太低、触发电流太小，容易受干扰，造成误触发；触发电压太高、触发电流太大，会造成触发困难。因此，对于不同系列的晶闸管，规定了最大与最小触发电压、触发电流的范围。例如，100 A 的晶闸管，一般会在铭牌上标明，触发电压、触发电流不超过 4 V、250 mA 和不小于 0.15 V、1 mA。通常为了保证晶闸管的可靠触发，外加门极电压的幅值要比 U_{GT} 大好几倍。

触发电压、触发电流受温度影响很大，晶闸管铭牌上标明的是常温下测得的数据。当晶闸管工作时，由于温度升高，U_{GT}、I_{GT} 会显著降低，而冬天使用时 U_{GT}、I_{GT} 会增大，所以使用时要特别注意。

晶闸管的主要参数规格见表 1–3。

表 1–3　　晶闸管的主要参数规格

<table>
<tr><th>通态平均电流
$I_{T(AV)}$/A</th><th>断态重复峰值电压 U_{DRM}/
反向重复峰值电压 U_{RRM}/V</th><th>结温
T_J/℃</th><th>门极触发电流
I_{GT}/mA</th><th>门极触发电压
U_{GT}/V</th></tr>
<tr><td>1</td><td>50 ~ 1 600</td><td rowspan="6">−40 ~ +100</td><td>3 ~ 30</td><td>≤ 2.5</td></tr>
<tr><td>5</td><td rowspan="3">100 ~ 2 000</td><td>5 ~ 70</td><td rowspan="5">≤ 3.5</td></tr>
<tr><td>10</td><td rowspan="2">5 ~ 100</td></tr>
<tr><td>20</td></tr>
<tr><td>30</td><td rowspan="2">100 ~ 2 400</td><td rowspan="2">8 ~ 150</td></tr>
<tr><td>50</td></tr>
<tr><td>100</td><td rowspan="8">100 ~ 3 000</td><td rowspan="8">−10 ~ +125</td><td rowspan="2">10 ~ 250</td><td rowspan="2">≤ 4</td></tr>
<tr><td>200</td></tr>
<tr><td>300</td><td rowspan="3">20 ~ 300</td><td rowspan="6">≤ 5</td></tr>
<tr><td>400</td></tr>
<tr><td>500</td></tr>
<tr><td>600</td><td rowspan="2">30 ~ 350</td></tr>
<tr><td>800</td></tr>
<tr><td>1 000</td><td>40 ~ 400</td></tr>
</table>

§1–3　全控型电力电子器件

学习目标

1. 了解 GTO、GTR、电力 MOSFET、IGBT 等器件的结构及应用场合
2. 能够根据实际需要查阅手册，并进行器件选型

一、门极可关断晶闸管

门极可关断晶闸管（gate-turn-off thyristor，GTO）如图 1-10 所示，是晶闸管的一个派生器件，具有普通晶闸管的全部优点，如耐高压、电流容量大等。同时，它还是全控器件，具有门极正信号触发导通、门极负信号触发关断的特性。GTO 在兆瓦级以上的大功率场合也有较多应用，如电力机车的逆变器、大功率直流斩波器调速装置等，如图 1-11 所示。

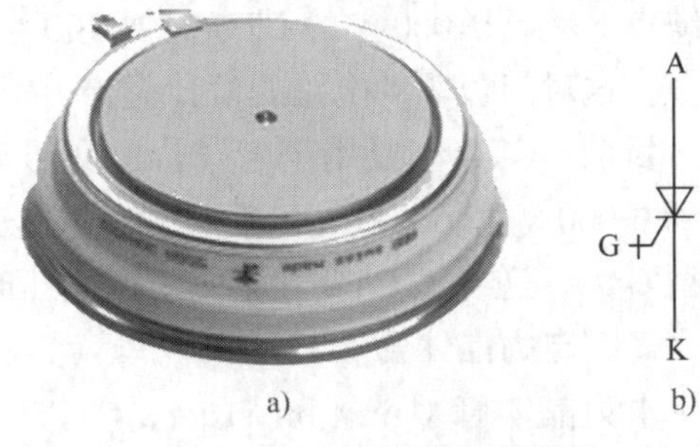

图 1-10　门极可关断晶闸管

a）外观　b）图形符号

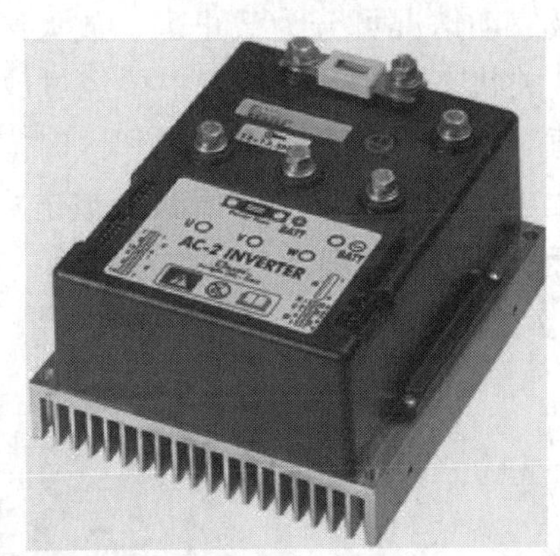

图 1-11　GTO 在电力机车和斩波器中的应用

1. GTO 的工作原理

GTO 的工作原理也可用图 1-4 晶闸管的等效电路来说明。其导通原理与普通晶闸管相同，不同主要在关断过程。导通的 GTO 工作在临界饱和状态，在门极施加负脉冲，使门极电流 I_G 反向，这样双三极管模型中的 V2 基极多数载流子被抽取，V2 基极电流下降，集电极电流 I_{c2} 也随之减小，从而引起 V1 基极电流和集电极电流 I_{c1} 减小。V1 集电极电流的减小又引起 V2 基极电流进一步下降，如此形成强烈的正反馈，使等效三极管 V1 和 V2 退出饱和状态，阳极电流下降，直至 GTO 关断。从 GTO 的关断过程可以看出，在 GTO 门极施加负脉冲的强度越大，即反向门极电流 I_G 越大，则 V2 基极被抽取的载流子越多，抽取的速度越快，GTO 的关断时间越短。

2. GTO 的主要参数

（1）最大可关断阳极电流 I_{ATO}。GTO 通过门极负脉冲能关断的最大阳极电流，也称为 GTO 的额定电流，它与普通晶闸管以通态平均电流为额定电流的定义不同。

（2）电流关断增益 β_{off}。最大可关断阳极电流与门极负脉冲电流最大值 I_{GM} 之比称为 GTO 的电流关断增益。

$$\beta_{off} = \frac{I_{ATO}}{I_{GM}}$$

电流关断增益 β_{off} 是 GTO 的一项重要指标，一般很小，为 5 ~ 10，这是 GTO 的一个主要缺点。一只 1 000 A 的 GTO 需要 100 ~ 200 A 的门极负脉冲来关断，这是一个相当大的电流值，这对门极驱动电路的设计提出了很高要求。

目前，GTO 主要用于电气轨道交通动车组的斩波调压调速，其额定电压和电流分别可达到 6 000 V 和 6 000 A 以上，大容量是其显著特点。GTO 还经常与二极管反向并联组成逆导型 GTO，逆导型 GTO 在承受反向电压时要注意另外串联电力二极管。

二、电力晶体管

电力晶体管（giant transistor，GTR），又称功率晶体管，因为有 PNP 和 NPN 两种结构，故也称双极型晶体管（bipolar junction transistor，BJT），它的工作原理与一般双极型晶体管相同，电路符号也一样，如图 1–12 所示。GTR 有与一般双极型晶体管类似的输出特性，根据基极驱动情况可分为截止区、放大区和饱和区。GTR 一般工作在截止区和饱和区，即工作在开关状态，在开关过程中要经过放大区。当基极电流 i_b 小于一定值时 GTR 截止，大于一定值时饱和导通，工作在饱和区时集电极和发射极之间的电压降 U_{ce} 很小。在无驱动时，GTR 集电极电压超过规定值时会被击穿，此时如果集电极电流 I_c 没有超过耗散功率的允许值，管子一般不会损坏，这也被称为一次击穿。如果一次击穿后，I_c 继续增大并超过允许临界值，U_{ce} 会陡然下降，发生二次击穿，二次击穿将导致管子永久损坏。

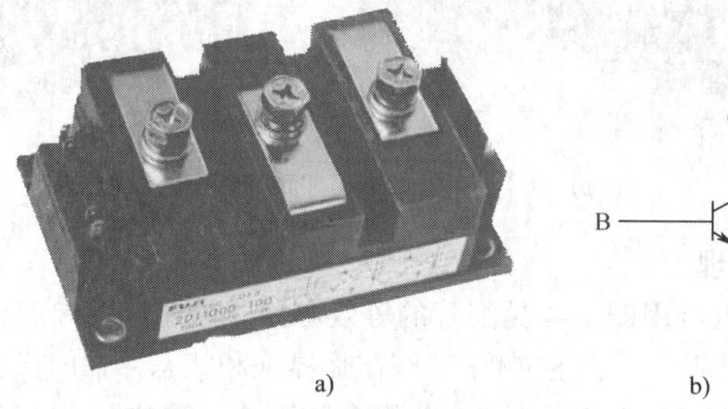

a) b)

图 1–12　功率晶体管 GTR

a）外观　b）图形符号

GTR 既有晶体管的固有特性，又扩大了功率容量，在 10 kHz 以下的大功率变流电路中应用较多。GTR 的优点是电流容量大、耐压水平高，缺点是耐冲击能力差，易二次击穿损坏。

GTR 的主要参数：

（1）电流放大倍数 β、直流电流增益 h_{FE}、集电极与发射极间漏电流 I_{ceo}、集电极和发射极间饱和压降 U_{ces} 等；

（2）最高工作电压包括发射极开路时集电极和基极之间的反向击穿电压 BU_{cbo} 以及基极开路时集电极和发射极间的击穿电压 BU_{ceo} 等；

（3）集电极最大允许电流 I_{cm} 和集电结最大耗散功率 P_{cm}。

为了提高 GTR 的电流能力，GTR 一般都做成复合结构，称为达林顿管。GTR 的开关时间只有几毫秒，目前大多数场合 GTR 已被性能更好的电力场效应晶体管和 IGBT 所取代。

三、电子场效应晶体管

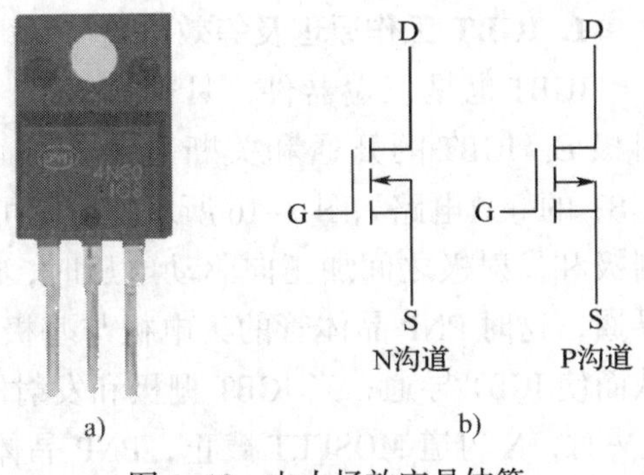

图 1–13　电力场效应晶体管

a）外观　b）图形符号

电力场效应晶体管，全称电力金属–氧化物半导体场效应晶体管（power metal oxide semiconductor field effect transistor，电力 MOSFET），如图 1–13 所示。与 GTR 相比，电力 MOSFET 具有开关速度快、损耗低、驱动电流小、无二次击穿等优点，缺点是电压不能太高、电流容量不能太大，所以目前只适用于高频、体积小的电力电子装置。

电力 MOSFET 的三个极分别是：栅极 G、源极 S、漏极 D，有 N 沟道和 P 沟道两种。N 沟道中载流子是电子，P 沟道中载流子是空穴。用栅极电压来控制漏极电流的电力 MOSFET 是电压控制型器件，其栅极控制信号是电压。

四、绝缘栅双极晶体管

绝缘栅双极晶体管（insulated gate bipolar transistor，IGBT）如图 1–14 所示，是 20 世纪 80 年代发展起来的复合型电力电子器件。它集电力 MOSFET 和 GTR 于一体，既有输入阻抗高、开关速度快、热稳定性好和驱动电路简单的优点，又有通态压降低、耐高压和承受电流容量大的优点，比 GTR 更具吸引力。在电机控制、中频、开关电源以及要求控制速度快、功耗低的领域应用广泛，如图 1–15 所示。1986 年投入市场后，IGBT 取代了 GTR 和部分电力 MOSFET 的市场。

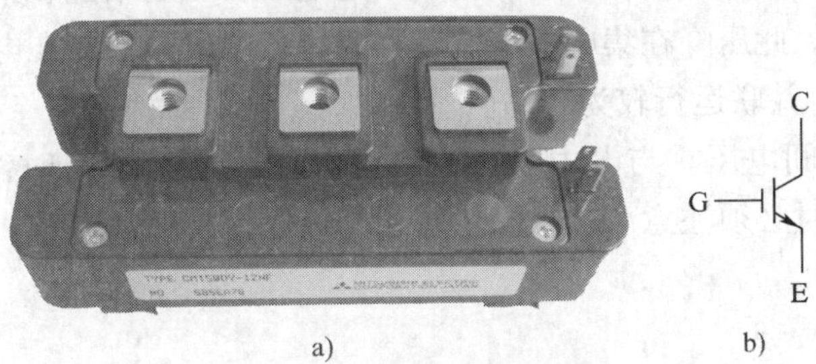

图 1–14　绝缘栅双极晶体管

a）外观　b）图形符号

图 1–15　IGBT 的应用

a）IGBT 有源电压控制技术应用　b）直流电机调速模块

1. IGBT 工作原理及等效电路

IGBT 也是三端器件，具有栅极 G、集电极 C 和发射极 E。IGBT 的开通和关断是由栅极电压来控制的，IGBT 的等效电路如图 1–16 所示。由图可知，当在 IGBT 栅极和发射极之间加正向驱动电压时，N 沟道 MOSFET 导通，这时 PNP 晶体管的集电极与基极之间成低阻态，从而使 IGBT 导通；当 IGBT 栅极和发射极之间的电压为 0 V 时，N 沟道 MOSFET 截止，PNP 晶体管的基极电流被切断，IGBT 即关断。IGBT 与电力 MOSFET 一样都是电压控制型器件，在它的栅极、发射极间施加十几伏的直流电压，将只有 μA 级的漏电流流过，基本上不消耗功率，凸显了其输入阻抗大的优点。

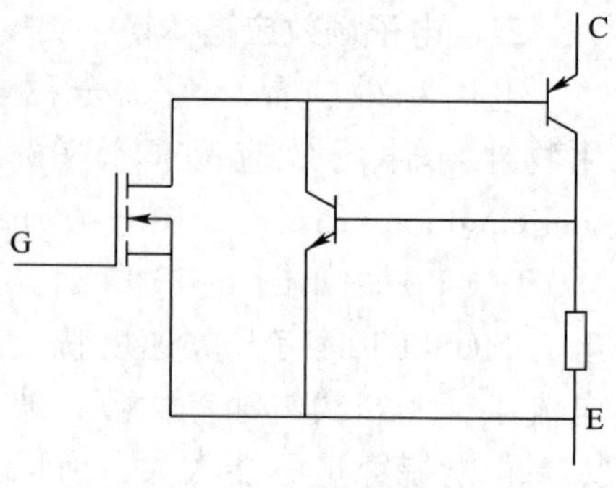

图 1–16　IGBT 等效电路

2. IGBT 的主要参数

（1）最大集射极间电压。IGBT 的最高工作电压，其大小由内部 PNP 晶体管所能承受的击穿电压决定。

（2）最大集电极电流。包括额定直流电流和 1 ms 脉宽最大电流。该参数与 IGBT 的壳温密切相关，由于 IGBT 实际工作时的壳温一般都很高，所以选用时要加以重视。

（3）最大集电结功耗。一定壳温下 IGBT 所允许的最大功耗，该功耗随壳温的升高而下降。

（4）集射极间饱和压降。在栅射极间施加一定电压，一定结温和集电极电流条件下，集射极间饱和通态压降。此压降在集电极电流较小时呈负温度系数，在电流较大时呈正温度系数，这一特性使 IGBT 并联运行较为容易。

（5）最大栅射极间电压。与电力 MOSFET 相似，当大于 20 V 时，将导致绝缘层击穿。因此，在焊接和驱动时必须注意。

实验与实训 1　晶闸管及其导通关断条件的测试

一、实训目的

1. 观察晶闸管的结构，能使用万用表判断晶闸管的极性和好坏。
2. 能组装调试晶闸管电路，并正确记录相关数据。
3. 能根据调试得出的现象和数据，归纳总结晶闸管的导通和关断条件。

二、实训设备

实训所需器材明细见表 1–4。

表 1-4　　　　　　　　　　　　实训器材明细

序号	名称	型号	备注
1	电源控制屏	DS01	该控制屏包含三相电源输出、整流滤波、给定等几个模块
2	实验元器件	DS17	该挂件包含晶闸管、负载等
3	万用表		自备
4	电容	40 μF/300 V	
5	电容	1 μF/300 V	
6	单刀开关		
7	电阻	20 ~ 30 kΩ，5 W	
8	滑线变阻器	285 Ω，2.5 A	
9	双踪示波器		自备

三、实训电路及原理

晶闸管导通测试原理电路如图 1-17 所示。将电力电子器件晶闸管和负载电阻 RP1 串联后接至直流电源两端，由电源控制屏上的“给定”为晶闸管提供触发电压信号，给定电压从零开始调节，直至器件触发导通，从而测得上述器件的伏安特性；图中电阻 RP1 用电源控制屏上的可调电阻负载（将两个 90 Ω 的可调电阻串联，最大可通过电流为 1.3 A）；直流电压表和电流表可以从电源控制屏上获得，晶闸管由 DS17 挂件获得；直流电源由电源控制屏的输出端接电源控制屏的单相调压器，然后调压器输出端接电源控制屏上的整流及滤波电路，从而得到一个可由调压器调节的输出直流电压源。

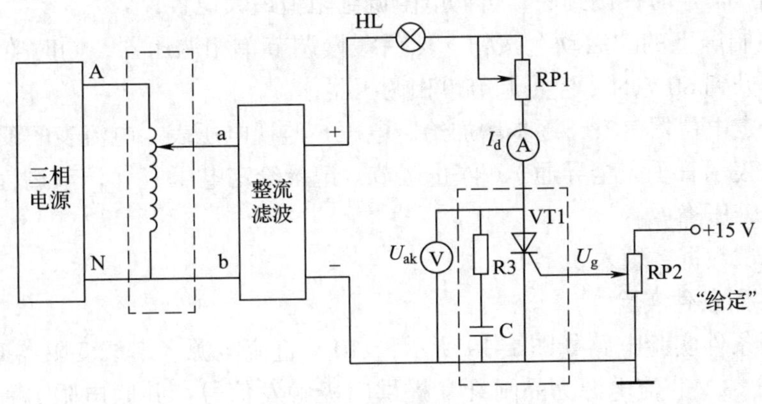

图 1-17　晶闸管导通测试原理电路

四、实训内容及步骤

1. 鉴别晶闸管的好坏

用万用表 R×100 挡测量两只晶闸管阳极（A）和阴极（K）间的正反向电阻，用万用表 R×1 或 R×10 挡测量两只晶闸管门极（G）和阴极（K）间的正反向电阻，将测量数据填入表 1–5，判断被测晶闸管的好坏。

表 1–5　　数据记录表

被测晶闸管	R_{AK}	R_{KA}	R_{GK}	R_{KG}	结论

用万用表测量晶闸管极间电阻，特别是测量门极（G）和阴极（K）间电阻时，不要用 R×10 k 挡，以防损坏门极，一般应放在 R×1 或 R×10 挡测量。

思考与练习

根据实验记录，判断被测晶闸管的好坏，简单写出判断的方法。

2. 晶闸管导通测试

按图 1–18 连线，检查无误后方可通电实验，并做好记录。

实验步骤：

（1）将晶闸管接入主电路；

（2）实验开始时，将电源控制屏上的给定电位器 RP1 沿逆时针方向旋转到底，S1 拨至“正给定”侧，S2 拨至“给定”侧；

（3）单相调压器逆时针调到底，可调电阻调到阻值最大位置；

（4）按下控制屏上的“启动”按钮，然后缓慢调节单相调压器，同时监视电压表的读数，当直流电压升到 60 V 时，停止调节单相调压器；

（5）调节给定电位器 RP1，逐步增加给定电压，监视电压表、电流表的读数，当电压表指针接近零时（表示管子完全导通），停止调节，记录给定电压 U_g、调节过程中回路电流 I_d 以及测量器件的管压降 U_{ak}；

（6）记录测试数据，填入表 1–6。

3. 晶闸管关断条件实验

晶闸管关断条件实验电路如图 1–19 所示，110 V 直流电源经滑线变阻器 RP 分压，给晶闸管主电路供电，3 V 直流电源为晶闸管 V 提供门极触发信号，并联电阻 R 使晶闸管导通，电容 C2 开始充电，方向左负右正，以保证当 Q2 闭合时晶闸管承受反向电压。做晶闸管关

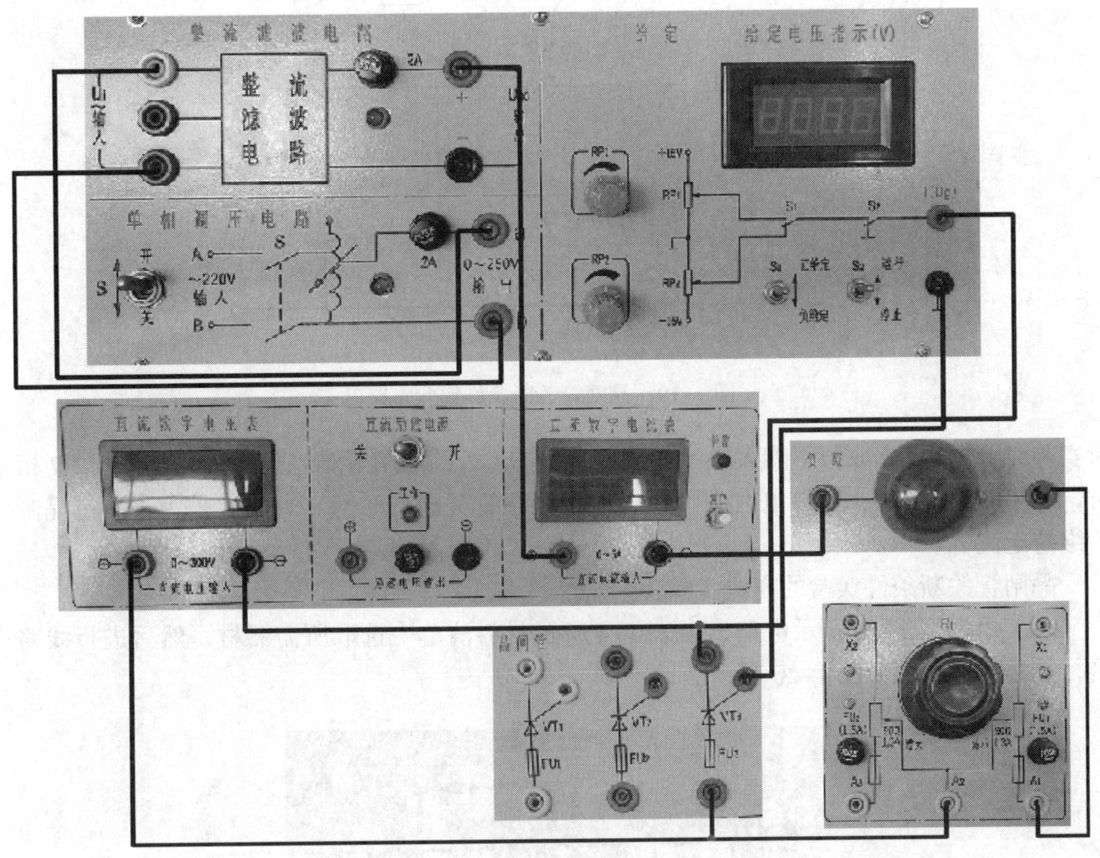

图 1–18　晶闸管测试接线图

表 1–6　　数据记录表

单相调压器输出电压 /V	U_g/V	I_d/A	U_{ak}/V	灯泡	结论（晶闸管导通情况和条件分析）

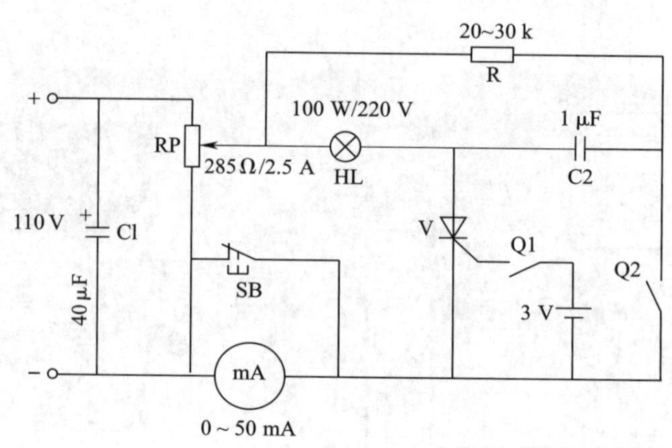

图 1–19　晶闸管关断条件实验电路

断实验时，电容 C2 取值不能太小（如取 0.1 μF），否则晶闸管难以关断，这是由于 Q2 接通时，如果 C2 值太小，其放电时间太短会小于晶闸管关断的时间。毫安表是为了测量晶闸管的维持电流 I_H。

晶闸管关断条件实验的方法步骤：

（1）根据图 1–19 所示电路，由表 1–4 所示材料清单中选取所需器材，然后进行线路连接，其实物连接图如图 1–20 所示。

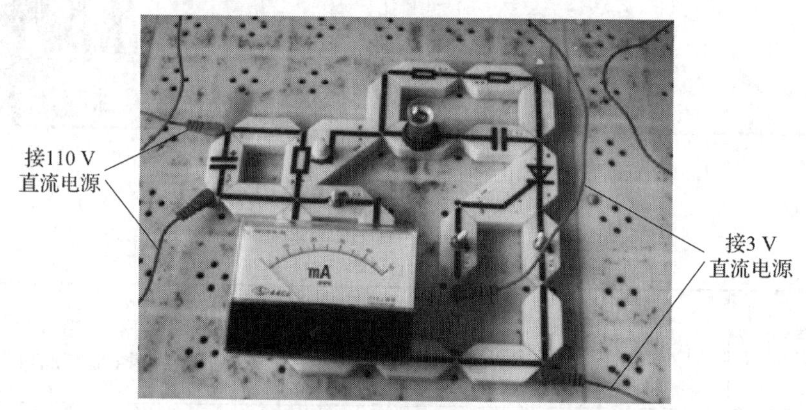

图 1–20　晶闸管关断条件的实验实物接线图

（2）检查线路无误后，接通 110 V 直流电源。

（3）合上开关 Q1，晶闸管________（导通 / 不导通），灯泡________（亮 / 灭）。

（4）断开开关 Q1，再合上开关 Q2，灯泡________（亮 / 灭）。

（5）合上开关 Q1，断开开关 Q2，晶闸管________（导通 / 不导通），灯泡________（亮 / 灭）。

（6）调节滑线变阻器，减小电源电压，这时灯泡慢慢暗淡下来。在灯泡完全熄灭之前，按下按钮 SB 让电流从毫安表通过，继续减小负载电源电压 U_a，使流过晶闸管的阳极电流逐渐减少到某值（几十毫安），毫安表指针突然降到零，然后调节滑线变阻器，使 U_a 再升高，这时灯泡不再发亮，说明晶闸管已经完全关断，恢复阻断状态。毫安表从________（记录电流大小）突然降到零，该值就是被测晶闸管的维持电流 I_H。

在进行晶闸管关断实验时，一定要在灯泡快要熄灭时（通过灯泡的电流极小），再按下常闭按钮 SB，否则将损坏表头。

思考与练习

1. 根据实验数据写出晶闸管的导通和关断条件。
2. 说明电容 C2 的作用以及电容值大小对晶闸管关断的影响。

第二章 晶闸管触发电路

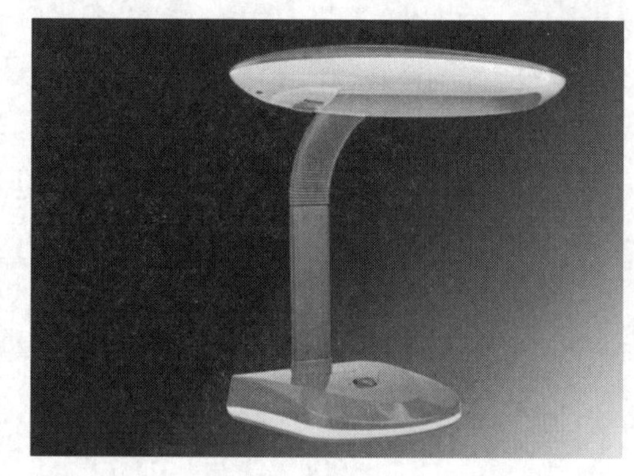

图 2–1 调光灯

调光灯在日常生活中应用广泛、种类繁多，图 2–1 所示是一款采用晶闸管的单相半波可控整流调光灯，其调光控制原理电路如图 2–2 所示。

由图 2–2 可以看出，一个完整的电力电子装置基本都是由两部分组成，即主电路和触发电路（控制电路）。其中，主电路为电力电子装置提供电能转换，触发电路为主电路晶闸管导通提供触发信号。由晶闸管构成的主电路形式很多，如整流、有源逆变、交流调压、变频和斩波等，电路负载有电阻性负载、电感性负载、反电动势负载

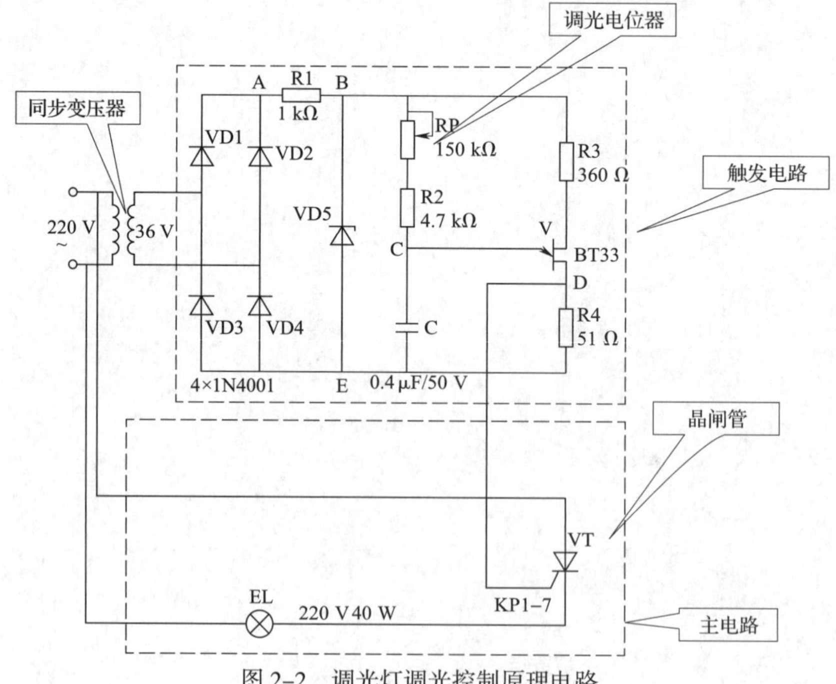

图 2–2 调光灯调光控制原理电路

等。它们的工作方式不同，对触发电路的要求也不同，常用的触发电路有单结晶体管触发电路、晶体管触发电路、集成触发电路、计算机控制数字触发电路等，本章将介绍几种常用的晶闸管门极触发电路。

§2-1　晶闸管对触发信号的要求

学习目标

1. 了解常见的触发信号波形
2. 理解晶闸管对触发信号的基本要求

一、常见的触发信号

晶闸管的触发信号可以是交流、直流或脉冲形式的，但它们针对门极、阴极必须是正极性的。因为晶闸管触发导通后，门极将失去控制作用，为了减小门极的损耗，一般不采用交流或直流触发信号，而是采用脉冲触发信号，常见的脉冲触发信号如图 2–3 所示。

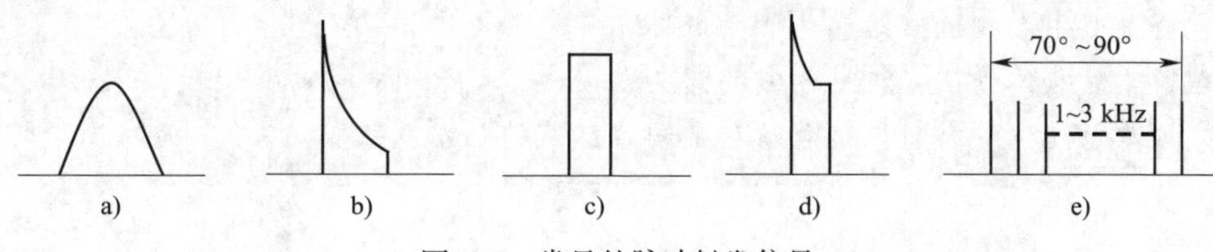

图 2–3　常见的脉冲触发信号

a）正弦波　b）尖脉冲　c）方脉冲　d）强触发脉冲　e）脉冲列

二、晶闸管对触发信号的基本要求

1. 触发信号应有足够的功率（电压、电流）。由于晶闸管门极参数的分散性和它触发电压、触发电流随温度变化的特性，为使合格的晶闸管能可靠触发，可参考元件出厂时的试验数据或产品目录来设计触发电路输出的电压值、电流值，并留有一定裕量。例如，由表 1–3 可知，KP50 可靠工作的触发电压不大于 3.5 V，触发电流为 8 ～ 150 mA。在触发信号为脉冲形式时，只要触发信号功率不超过规定值，触发电压和电流的幅值在短时间内可以大大超过额定值。为防止误触发，触发电路的漏电压应小于 0.2 V。

2. 触发脉冲信号前沿要陡并有一定宽度。前沿陡是为了满足晶闸管能准时触发导通，且前沿越陡越有利于并联或串联的晶闸管同时触发导通；有一定宽度是为了保证晶闸管可靠导通，一般晶闸管的导通时间为 6 μs，所以触发脉冲的宽度至少要在 6 μs 以上，最好是 20 ～ 50 μs。对于不同的电路和不同的负载，晶闸管对触发脉冲的宽度要求也不相同。例如，对于电感性负载，脉冲宽度应不小于 100 μs，一般为 1 ms，相当于工频电角度 18°；对于三相全控桥式整流电路，则要求触发脉冲宽度大于 60° 或采用双窄脉冲。

3. 触发脉冲信号要有一定的移相范围。为了使电路能在给定范围内工作，必须保证触发脉冲能在相应范围内进行移相。

4. 触发脉冲信号必须与电源同步。为了使晶闸管每个周期都能在相同相位上重复触发，触发信号必须与电源同步，即触发信号的同步电压与电源电压必须保持固定的相位关系。

思考与练习

晶闸管主电路对触发电路有什么要求?

§2-2 单结晶体管触发电路

学习目标

1. 了解单结晶体管的结构和等效电路
2. 学会用万用表测试单结晶体管的好坏
3. 理解单结晶体管伏安特性曲线的意义
4. 掌握单结晶体管自激振荡电路和带同步环节的触发电路

单结晶体管有两个基极和一个发射极，故又称双基极晶体管。由单结晶体管组成的触发电路，其输出的触发信号是尖脉冲，具有前沿陡、抗干扰能力强、运行可靠、温度补偿性能好以及电路结构简单、调试维修方便等优点，因此在单相可控整流装置中应用广泛。

一、单结晶体管

1. 单结晶体管的基本结构及等效电路

单结晶体管的图形符号、等效电路及其外形如图 2–4 所示。单结晶体管共有三个电极，分别是第一基极 b_1、第二基极 b_2 和发射极 e。

触发电路中常用的单结晶体管型号有 BT33 和 BT35 两种，其中 B 表示半导体；T 表示特种管；第一个数字 3 表示有 3 个电极；第二个数字表示耗散功率，3 即 300 mW、5 即 500 mW。

2. 单结晶体管的测试方法

单结晶体管在使用时可以用万用表简单测试其好坏，选万用表 R × 1 kΩ 挡，具体测试方法见表 2–1。

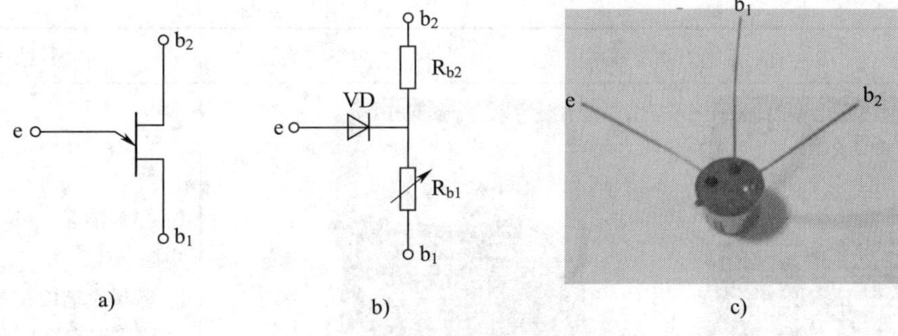

图 2-4　单结晶体管

a）图形符号　b）等效电路　c）外形

表 2-1　　单结晶体管的测试方法

测量演示	测量说明
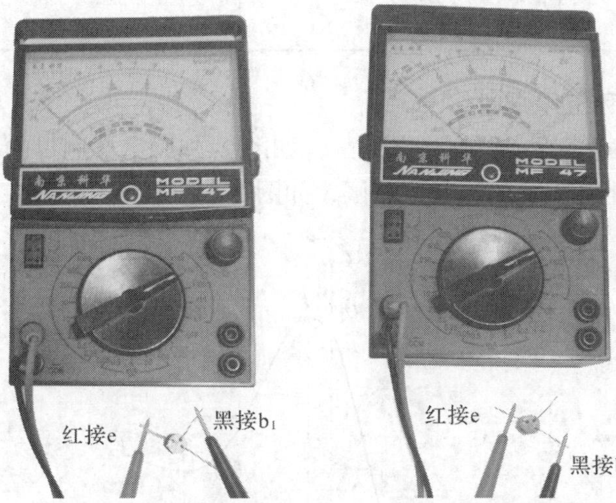 红接e　黑接b_1　红接e　黑接b_2	（1）测量 e–b_1 和 e–b_2 间的反向电阻 若红表笔接 e 端，黑表笔分别接 b_1 端和 b_2 端，正常情况下，单结晶体管两次测得的阻值都应在几十千欧
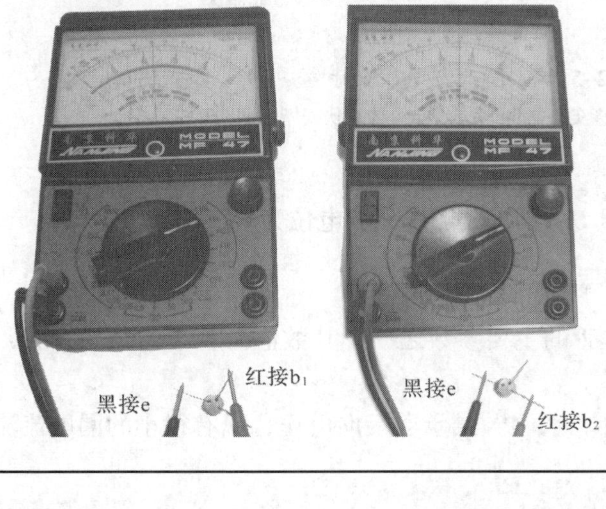 黑接e　红接b_1　黑接e　红接b_2	（2）测量 e–b_1 和 e–b_2 间的正向电阻 若黑表笔接 e 端，红表笔分别接 b_1 端和 b_2 端，正常情况下，单结晶体管两次测得的阻值都应在几千欧，且 $R_{b1}>R_{b2}$

续表

测量演示	测量说明
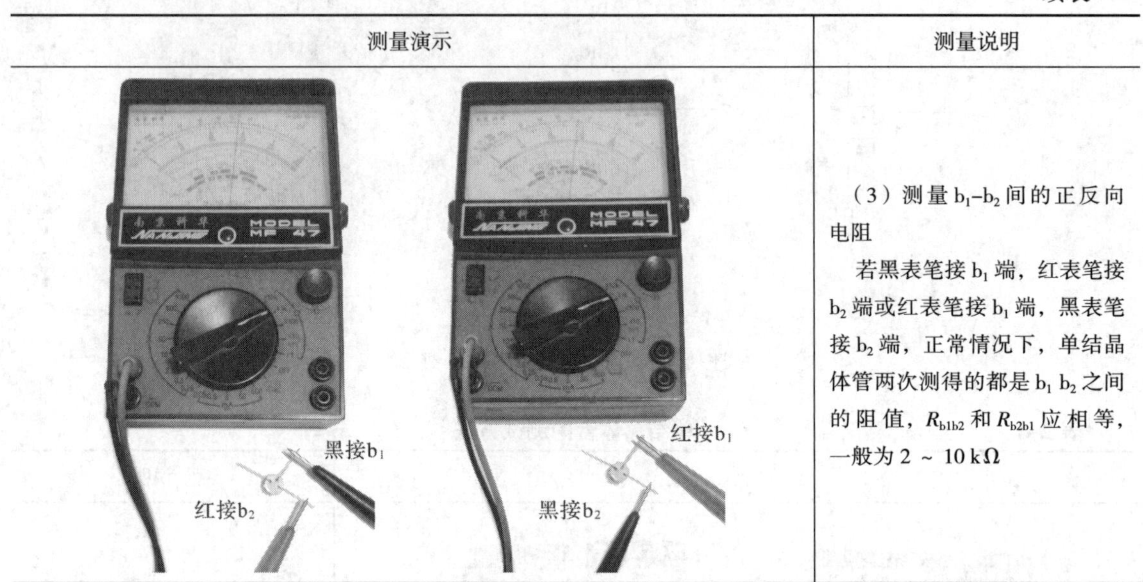	（3）测量 b_1–b_2 间的正反向电阻 若黑表笔接 b_1 端，红表笔接 b_2 端或红表笔接 b_1 端，黑表笔接 b_2 端，正常情况下，单结晶体管两次测得的都是 b_1 b_2 之间的阻值，R_{b1b2} 和 R_{b2b1} 应相等，一般为 2 ~ 10 kΩ

3. 单结晶体管的伏安特性曲线和工作原理

单结晶体管的伏安特性可以通过等效实验电路来测试，如图 2–5a所示；测得的单结晶体管伏安特性曲线分为三个区：截止区、负阻区和饱和区，如图 2–5b 所示。

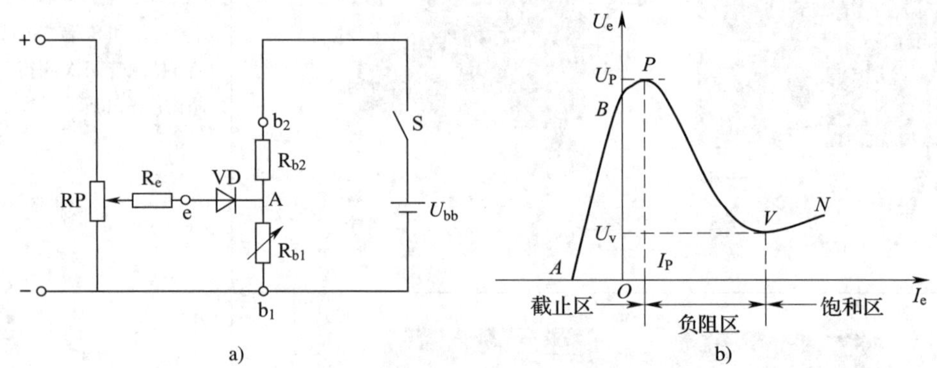

图 2–5　单结晶体管的伏安特性

a）单结晶体管实验电路　b）单结晶体管伏安特性曲线

（1）截止区——AP 段

闭合开关 S，b_1、b_2 间获得电压 U_{bb}，则 A 点对 b_1 的电位为

$$U_A = \frac{R_{b1}}{R_{b1} + R_{b2}} U_{bb} = \eta U_{bb} \tag{2-1}$$

式中 η 为分压比，是单结晶体管的主要参数之一，其数值与管子的结构有关，一般在 0.3 ~ 0.9 之间。

U_e 从零开始逐渐增大，当 $U_e<U_A$ 时，PN 结承受反向电压，只有很小的漏电流流过，这时等效二极管 VD 处于截止状态。

当 $U_e=U_A$ 时，PN 结处于零偏置，这时等效二极管 VD 仍处于截止状态。

当 $U_A<U_e<\eta U_{bb}+U_{VD}$ 时，虽然等效二极管 VD 处于正偏，但是正偏电压仍小于 VD 的导通正向压降 U_{VD}，因此二极管 VD 仍处于截止状态。

当 $U_e \geqslant \eta U_{bb}+U_{VD}$ 时，等效二极管 VD 导通，此时单结晶体管进入导通状态，该转折点称为峰点 P，峰点 P 对应的电压称为峰点电压 U_p，对应的电流称为峰点电流 I_p。

（2）负阻区——PV 段

当 $U_e>\eta U_{bb}+U_{VD}$ 时，等效二极管 VD 导通，I_e 增大，这时大量的空穴载流子从发射极经 A 点注入 b_1 硅片，使 R_{b1} 迅速减小，U_A 下降，U_e 也下降。U_A 下降导致 PN 结承受更大的正向电压，致使更多的空穴载流子注入 b_1 硅片，R_{b1} 进一步减小，从而形成更大的发射极电流 I_e，导致 U_A、U_e 也进一步下降，形成强烈的正反馈过程。当 I_e 增大到一定程度时，硅片中的载流子浓度趋于饱和，A 点的电压 U_A 此时达到最小值，U_e 也达到最小值，即对应曲线上的 V 点。V 点称为谷点，对应的电压称为谷点电压 U_V，对应的电流称为谷点电流 I_V。这种输入电压增大到某一数值后，输入电流愈大，输入端的等效电阻愈小的特性被称为负阻特性，故单结晶体管伏安特性曲线的 PV 段被称为负阻区。

单结晶体管的负阻特性广泛应用于定时电路和振荡电路之中。在触发电路中希望选用分压比较大、谷点电压小以及谷点电流大的单结晶体管，这样有利于提高脉冲幅度和扩大移相范围。

（3）饱和区——VN 段

在饱和区，要使 I_e 继续增大，必须增大电压 U_e，单结晶体管处于饱和导通状态。

二、单结晶体管触发电路

1. 单结晶体管自激振荡电路

利用单结晶体管的负阻特性和 RC 电路的充放电特性，可以组成单结晶体管自激振荡电路，产生频率可变的尖脉冲，如图 2-6 所示。

图 2-6 所示电路当加上直流电源 E 后，其中一路经过电阻 R2、R1 在单结晶体管的两个基极之间按分压比分压；另一路通过电阻 R3 和 RP 对电容 C 充电，充电时间常数为（R_3+R_P）C。晶体管发射极电压 U_e 为电容两端电压 U_c，按指数规律上升。当 $U_c<$ 峰点电压 U_p 时，单结晶体管 e、b_1 之间处于截止状态。随着电容电压 U_c 的增大，当 U_c 达到峰点电压的瞬间，单结晶体管导通，R_{b1} 迅速变小，电容 C 通过 e、b_1 迅速向 R1 放电。由于放电回路电阻很小，放电时间很短，所以在电阻 R1 上得到很窄的尖脉冲。当 U_c 下降到谷点电压 U_V 时，单结晶体管由导通变为截止，电容 C 又开始充电，电路不断充放电振荡，在电容上形成锯齿波电压。

电路中 R1 上的脉冲电压的宽度取决于电容的放电时间常数，电容 C 的容量不能太小，一般在 0.1 ~ 1.0 μF。R1 上脉冲电压的幅值取决于 R1 的阻值大小，R_1 越大输出脉冲的幅值越高，但是 R_1 也不能太大，否则会导致晶闸管误触发，一般 R_1 取 50 ~ 100 Ω 为宜。电路中 R2 是温度补偿电阻，作用是保持振荡频率的稳定。当温度升高时，由于 PN 结具有负温度系数，所以等效二极管的管压降 U_{VD} 将减小，R_{b1b2} 具有正温度系数，R_{b1b2} 将增大，R2 的压降将略微减小，则施加在单结晶体管上的电压 U_{bb} 将略微升高，从而补偿 U_{VD} 的减小，使得峰点电压 $U_p=U_{VD}+\eta U_{bb}$ 基本不变，保持了振荡频率的基本稳定。

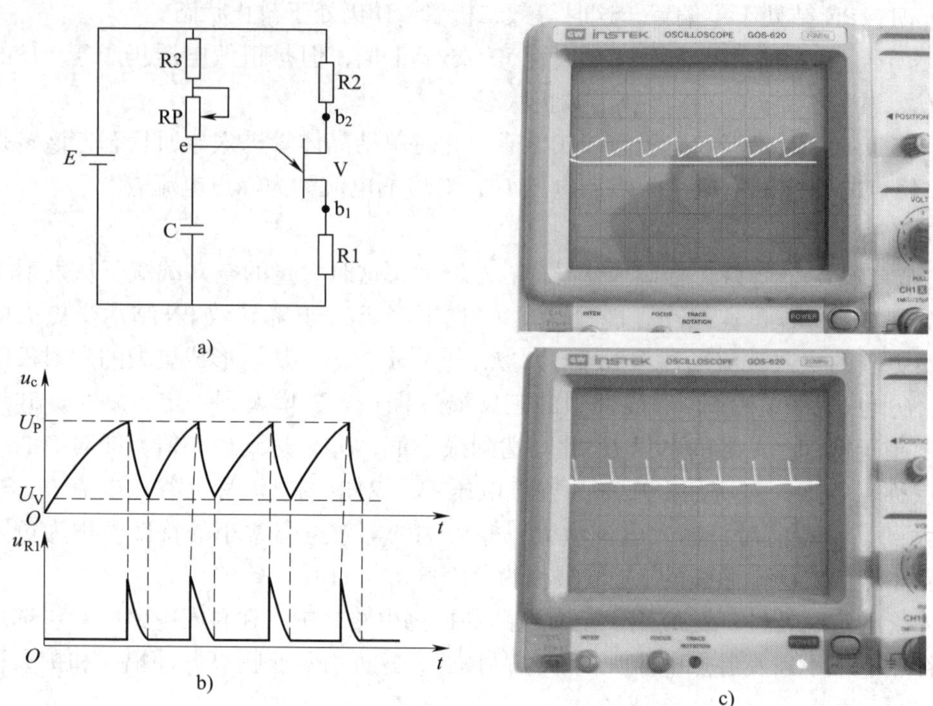

图 2-6　单结晶体管自激振荡电路及波形图

a）电路图　b）波形图　c）示波器显示图

2. 具有同步环节的单结晶体管触发电路

采用上述单结晶体管自激振荡电路来触发晶闸管可控整流电路，若触发电路的触发脉冲起始点与主电路交流电的过零点各按自己的规律变化，步调不一致，会导致晶闸管每个周期导通的时间不断变化，使输出的波形无规则，因此，要设法让它们能够通过一定的方式联系起来，使步调一致，也就是要让触发电路与主电路同步。

如图 2-7 所示，单结晶体管振荡电路的电源与所触发的晶闸管的主电路电源为同一电源，通过同步变压器 TS 获得的二次电压 u_s，经单相半波整流后，再经稳压管 VD2 削波得到梯形波给单结晶体管供电。这样在梯形波过零点时，单结晶体管的电压 U_{bb} 降为零，电容 C 经单结晶体管放电后电压也降为零，这样就保证了电容 C 在主电路晶闸管开始承受正向电压时从零开始充电，每个周期产生的第一个触发脉冲相对于过零点的时间是一样的（即控制角 α 一样），触发电路与主电路便取得了同步，这样主电路 U_d 的输出波形就有规则了。

单结晶体管振荡电路在一个周期可以产生多个尖脉冲，由于晶闸管触发导通后门极便失去控制作用，所以晶闸管由第一个尖脉冲触发导通后，后面的脉冲将不起作用。此时，只要改变 R_P 的大小，就可以改变电容充电的时间，也就改变了第一个脉冲出现的角度，从而达到了改变控制角 α 大小，调节主电路输出电压的目的。

在图 2-7 中，触发脉冲是由电阻 R1 上直接取得的，这种方式虽然简单，但却是弱电（触发电路）与强电（主电路）的直接连接，并不安全，在工业生产上多采用脉冲变压器输出，以实现触发电路与主电路的电气隔离，这在后续的电路中将讲到。

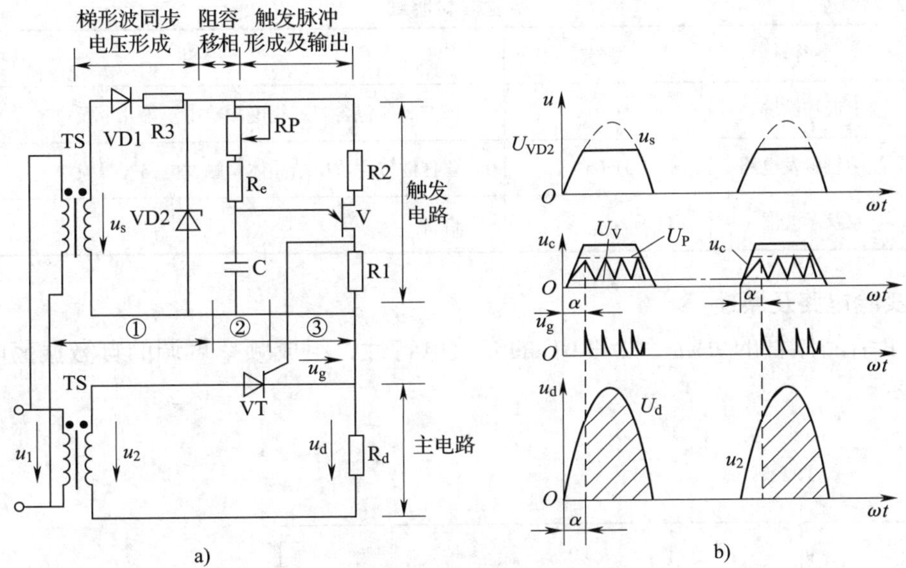

图 2–7　单结晶体管同步触发电路

a）电路图　b）波形图

单结晶体管触发电路结构简单，易于调试，但是由于它的参数差异较大，多相触发时不易一致。此外，其输出功率较小，脉冲较窄，虽然有温度补偿，但对于大范围的温度变化容易产生误差，控制线性度差，可用移相范围一般小于 150°。单结晶体管触发电路不加放大环节可触发 50 A 以下的晶闸管，因此多用于控制精度要求不高的单相晶闸管控制系统。

思考与练习

分组讨论单结晶体管触发电路的调试步骤是什么?

实验与实训 2　单结晶体管触发电路实验

一、实验目的

1. 熟悉单结晶体管触发电路的工作原理及电路中各元件的作用。
2. 掌握单结晶体管触发电路的调试和各电压波形的测量。

二、实验器材

实验所需器材明细见表 2–2。

表 2–2　　实验器材明细

序号	名称	型号	备注
1	电源控制屏	DS01	该控制屏包含“三相电源输出”等几个模块
2	晶闸管触发电路	DS05	该挂件包含“单结晶体管触发电路”等模块
3	双踪示波器		自备

三、实验电路及原理

利用单结晶体管的负阻特性和RC的充放电特性，组成频率可调的自激振荡电路，如图 2–8 所示。

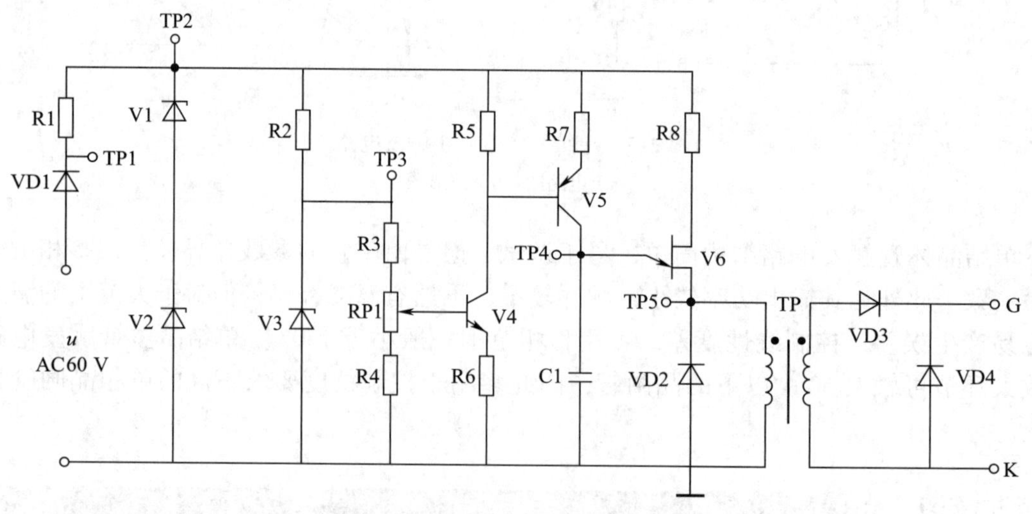

图 2–8　单结晶体管触发电路原理图

图中 V6 为单结晶体管，其常用的型号有 BT33 和 BT35 两种，由等效可变电阻 V5 和 C1 组成 RC 充电回路，由 C1 → V6 →脉冲变压器组成电容放电回路，调节 RP1 可改变 C1 充电回路的等效电阻，即改变 C1 的充电时间。

工作原理：由同步变压器二次侧输出的 60 V 交流同步电压，经 VD1 半波整流，再由稳压管 V1、V2 进行削波，得到梯形波电压，其过零点与电源电压的过零点同步。梯形波通过 R7 及等效可变电阻 V5 向电容 C1 充电，当充电电压达到单结晶体管的峰值电压 U_P 时，单结晶体管 V6 导通，电容通过脉冲变压器一次侧放电，脉冲变压器二次侧输出脉冲。同时，由于放电时间常数很小，C1 两端的电压很快下降到单结晶体管的谷点电压 U_V，使 V6 关断，C1 再次充电，周而复始，在电容 C1 两端呈现锯齿波，在脉冲变压器二次侧输出尖脉冲。在一个梯形波周期内，V6 可能导通、关断多次，但只有输出的第一个触发脉冲对晶闸管的导通起触发作用。充电时间常数由电容 C1 和等效电阻决定，调节 RP1 可改变 C1 的充电时间，控制第一个尖脉冲的出现时刻，实现脉冲的移相控制。单结晶体管触发电路的各点波形，如图 2–9 所示。

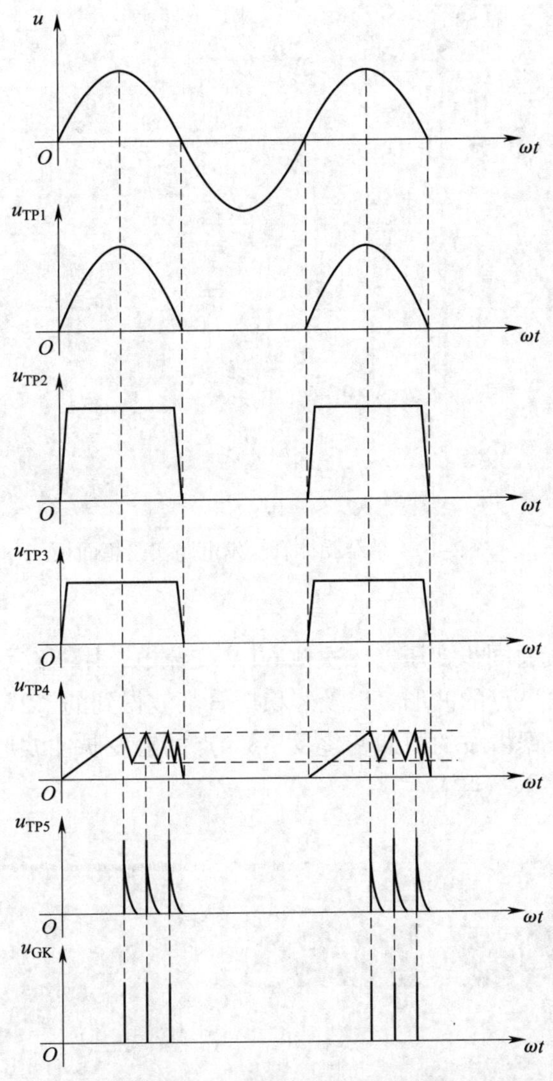

图 2-9　单结晶体管触发电路各点的电压波形（α=90°）

想一想

1. 分组讨论为什么 V5 可等效为可变电阻，定性分析 V5 等效电阻的变化与 RP1 变化的关系。

2. 单结晶体管触发电路的振荡频率与电路中 C1 的值有什么关系？

四、实验内容及步骤

单结晶体管触发电路的调试及各点电压波形的测量观察。实验箱面板如图 2-10 所示。

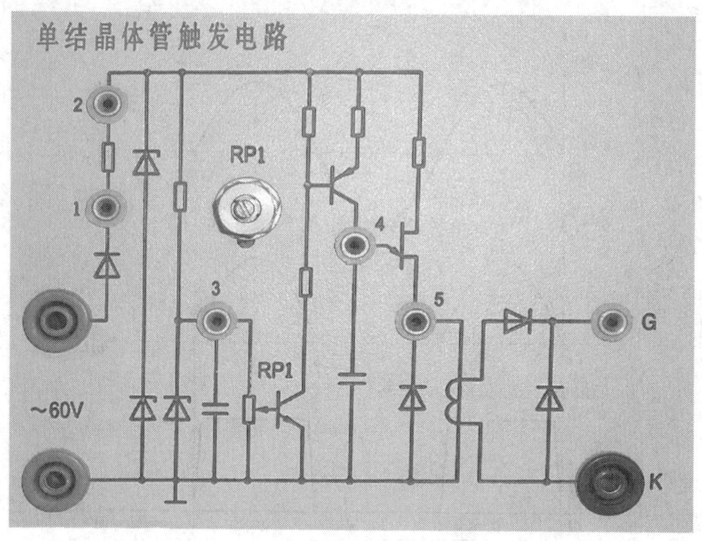

图 2–10　单结晶体管触发电路实验箱面板

1. 实验方法

按图 2–11 接线，接通同步变压器二次侧 60 V 交流电，用双踪示波器观察单结晶体管触发电路经半波整流后“1”点的波形，以及经稳压管削波得到的“2”点的波形；调节移相电位器 RP1，观察“4”点锯齿波的周期变化及“5”点的触发脉冲波形；最后，观测输出的触发电压 u_{GK} 的波形（“G、K”点）。

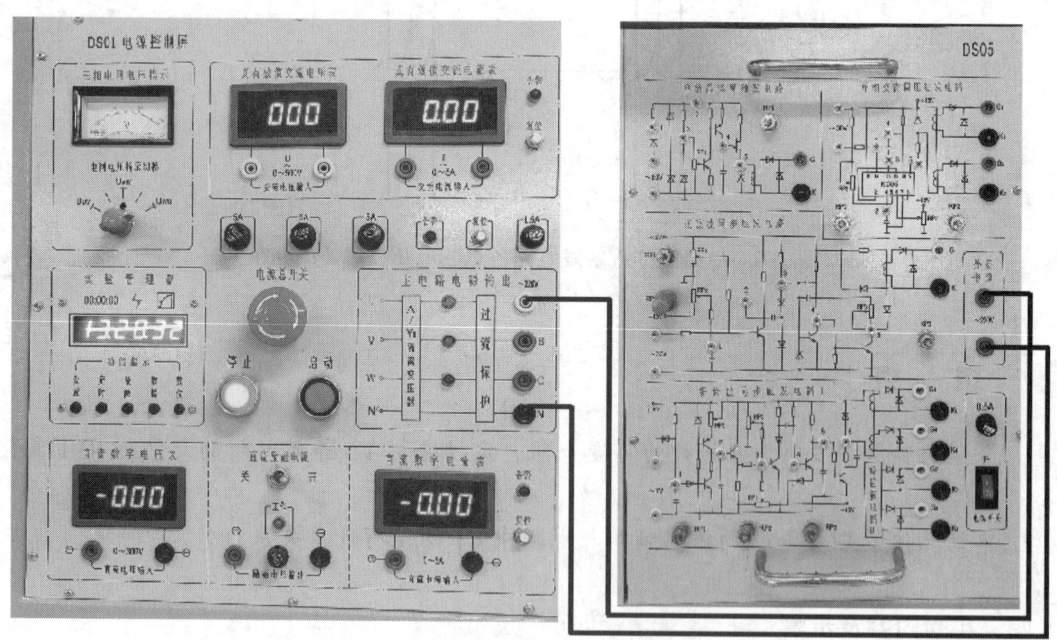

图 2–11　单结晶体管触发电路实验接线图

提示

双踪示波器有两个探头，可同时观测两路信号，但这两个探头的地线都与示波器的外壳相连，所以两个探头的地线不能同时接在同一电路的不同电位点上，否则这两个点会通过示波器外壳发生电气短路。为了保证测量的顺利进行，可将其中一根探头的地线取下或外包绝缘，只使用其中一路地线，这样就从根本上解决了这个问题。当需要同时观察两个信号时，必须在被测电路上找到两个信号的公共点，将探头的地线接于此处，各探头则接至被测信号，只有这样才能在示波器上同时观察到两个信号，且不发生危险。

2. 单结晶体管触发电路各点波形的记录

当 α=30°、60°、90°、120° 时，将单结晶体管触发电路的各观测点波形绘制下来。

五、实验报告

画出 α=60° 时，单结晶体管触发电路各点输出的波形及其幅值。

思考与练习

试一试单结晶体管触发电路的移相范围能否达到 180°，为什么？

§2-3 同步电压为锯齿波的触发电路

学习目标

1. 了解同步电压为锯齿波的触发电路
2. 理解锯齿波触发电路的工作原理
3. 会分析锯齿波触发电路中各点的波形

晶闸管的电流容量越大，对触发脉冲的功率要求就越高，为了保证触发脉冲有足够的功率，往往采用晶体管组成触发电路。本节要学习的同步电压为锯齿波的触发电路，就是全部采用硅晶体管组成的电路。这种触发电路由于同步电压为锯齿波，因此不受电网电压波动的影响，增强了电路的抗干扰能力，另外由于全部采用硅晶体管，所以温度稳定性较好。

同步电压为锯齿波的触发电路如图 2-12 所示。该电路由以下五个基本环节组成：同步环节，锯齿波形成及脉冲移相环节，脉冲形成、放大和输出环节，强触发环节，双窄脉冲形成及脉冲封锁环节。

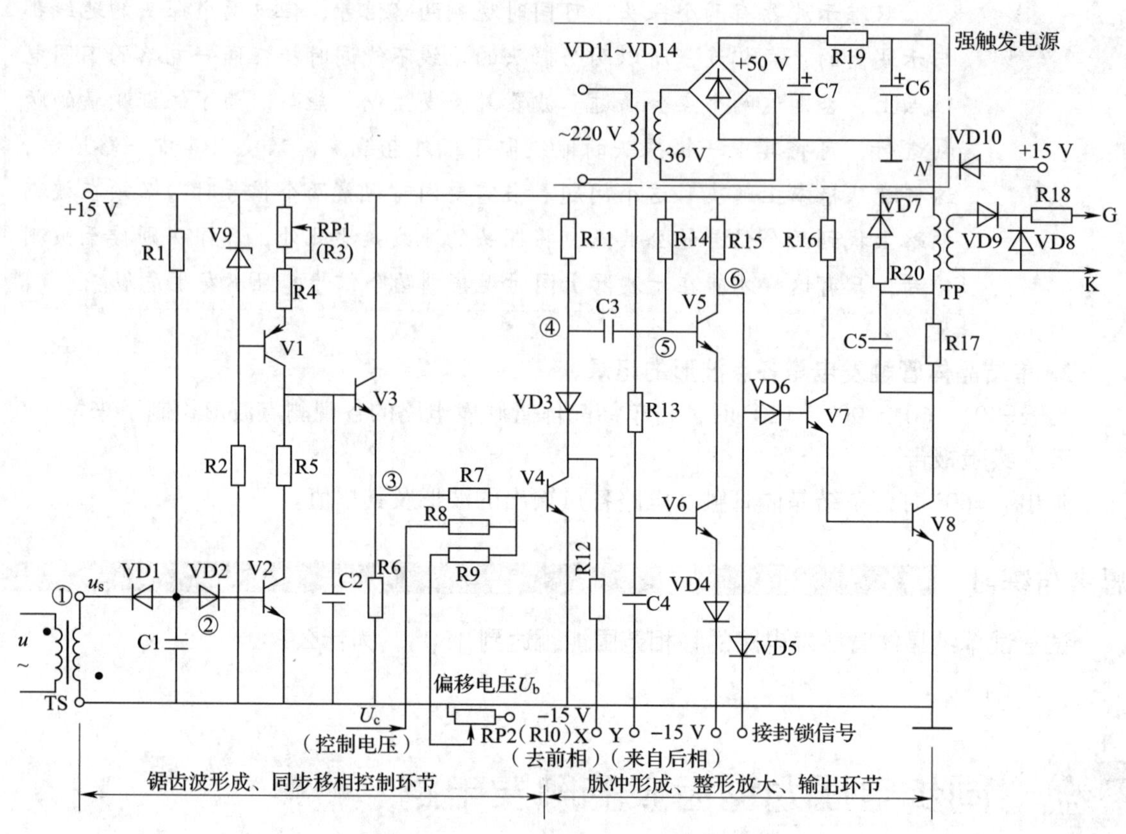

图 2-12　同步电压为锯齿波的触发电路

R1、R6—10 kΩ　R2、R4—4.7 kΩ　R5—200 Ω　R7—3.3 kΩ　R13、R14—30 kΩ　R8—12 kΩ
R9—6.2 kΩ　R12—1 kΩ　R15—6.2 kΩ　R16—200 Ω　R17—30 Ω　R18—20 Ω　R19—300 Ω
R3、R10—1.5 kΩ　R11—30 KΩ　R20—10 kΩ　C7—2 000 μF　C1、C2、C6—1 μF
C3、C4—0.1 μF　C5—0.47 μF　V1—3CG1D　V2 ~ V7—3DG12B　V8—3DA1B
V9—2CW12　VD1 ~ VD9—2CP12　VD10 ~ VD14—2CZ11A

一、同步环节

同步环节由同步变压器TS、晶体管V2、二极管VDl、VD2，电阻R1及电容C1等组成。在锯齿波触发电路中，同步就是要求锯齿波的频率与主电路电源的频率相同。在图2–12中，锯齿波是由起开关作用的V2控制的，由于V2截止产生锯齿波，V2截止持续时间就是锯齿波的宽度，V2开关的频率就是锯齿波的频率。要使触发脉冲与主电路电源同步，必须使V2开关的频率与主电路电源的频率达到同步。同步变压器和整流变压器接在同一电源上，用同步变压器二次侧电压来控制V2的通断，就保证了触发脉冲与主电路电源的同步。

电源电压经同步变压器反相、变压后间接加到V2的基极上，当同步变压器二次侧电压（12 V）为负半周期的下降阶段时，VD1导通，电容C1迅速充电，以C1下端为参考点位，②点电位为负值，V2截止。当二次侧电压为负半周期的上升阶段时，由于电容C1已充电至负半周期的最大值，所以VD1截止，电源（+15 V）通过R1给电容C1反向充电，当②点电位上升至1.4 V时，V2导通，②点电位被箝位在1.4 V，可见V2截止的时间长短与电容C1反向充电的时间常数$\tau=R_1 C_1$有关。直至变压器二次侧电压到下一个负半周期时，VD1又重新导通，电容C1迅速放电后又充电，V2又变截止，如此循环，在一个正弦波周期内，V2包括截止和导通两个状态，对应锯齿波恰好是一个周期，与主电路电源完全一致，从而达到同步的目的。

二、锯齿波形成及脉冲移相环节

电路中晶体管V1、V9和电阻RP1、R4组成恒流源向电容C2充电；晶体管V2作为同步开关控制恒流源对C2的充放电过程；晶体管V3为射极跟随器，起阻抗变换和前后级隔离作用，以减小后级对锯齿波线性的影响。调节RP1可改变锯齿波的斜率。

晶体管V4的基极电压U_{b4}，是由锯齿波电压U_{e3}、直流控制电压U_c（正值）和直流偏移电压U_b（负值）三者并联叠加决定的，它们分别通过R7、R8、R9与V4的基极相连。根据叠加原理，U_{b4}可以看成三者电压单独作用的叠加。

电路工作时，U_{b4}为负值，则V4截止；U_{b4}由负变正至大于0.7 V时，V4由截止变为导通，而后U_{b4}被箝位在0.7 V。

如图2–13a所示，当电路工作时，常常将直流偏移电压U_b调整到某个固定值，然后通过改变控制电压U_c，就可改变U_{b4}的波形与时间轴的交点，也就改变了V4导通的时刻，从而改变触发脉冲产生的时刻和控制角α的大小，以达到移相的目的。

想一想

设置直流偏移电压U_b的作用是什么？

三、脉冲形成、放大和输出环节

在图2–12中，脉冲形成环节由晶体管V4、V5、V6组成，放大和输出环节由V7、V8组成，同步移相电压加在晶体管V4的基极，触发脉冲由脉冲变压器TP二次侧输出。

当V4基极电位$U_{b4}<0.7$ V时，V4截止，电源（+15 V）分别经R14、R13向V5、V6提供足够大的基极电流，使V5、V6饱和导通。此时⑥点电位为–13.7 V（二极管正向导通的压降按0.7 V计算，晶体管饱和导通的压降按0.3 V计算），使V7、V8处于截止状态，电路无触发脉冲输出。同时，电容C3充电，充电回路为电源（+15 V）端→R11→C3→V5→V6→VD4→电源（–15 V）端，充电结果是电容C3呈左正（+15 V）右负（–13.3 V），电压为28.3 V，这期间电路处于“稳态”。

当V4基极电位$U_{b4}\geqslant 0.7$ V时，V4导通，④点电位由+15 V跃变到1 V，由于电容两端的电压不能突变，⑤点电位从原来的–13.3 V跃变到–27.3 V，使V5截止，⑥点电位升高导致V7、V8饱和导通，⑥点电位被箝位在2.1 V。由于V7、V8饱和导通，电路通过脉冲变压器输出触发脉冲，这种状态是电路的一个“暂态”，因为V7、V8饱和导通的同时，电容C3经电源（+15 V）端→R14→VD3→V4反向充电（实际是先放电后反向充电），充电到右正左负，电压达到 14 V，如图 2-13a ⑤点的电位波形虚线所示。随着⑤点电位从 −27.3 V 逐渐上升到 −13.3 V，V5、V6 又饱和导通，⑥点电位从 2.1 V 跃变到 −13.7 V，导致 V7、V8 又截止，电路输出脉冲被终止，电路又恢复“稳态”。

由此可见，输出脉冲产生的时刻正是 V4 导通的瞬间，也就是 V5 截止的瞬间。V5 截止的时间即为输出脉冲的宽度，因此输出脉冲的宽度由 C3 反向充电的时间常数 $\tau=C_3R_{14}$ 来决定。根据 C3 和 R14 的参数选择，本电路的输出脉冲为宽度 1 ms（即 18°）的窄脉冲。R16、R17 分别为 V7、V8 的限流电阻；VD6 主要是为了提高 V7、V8 的导通阈值，增强抗干扰能

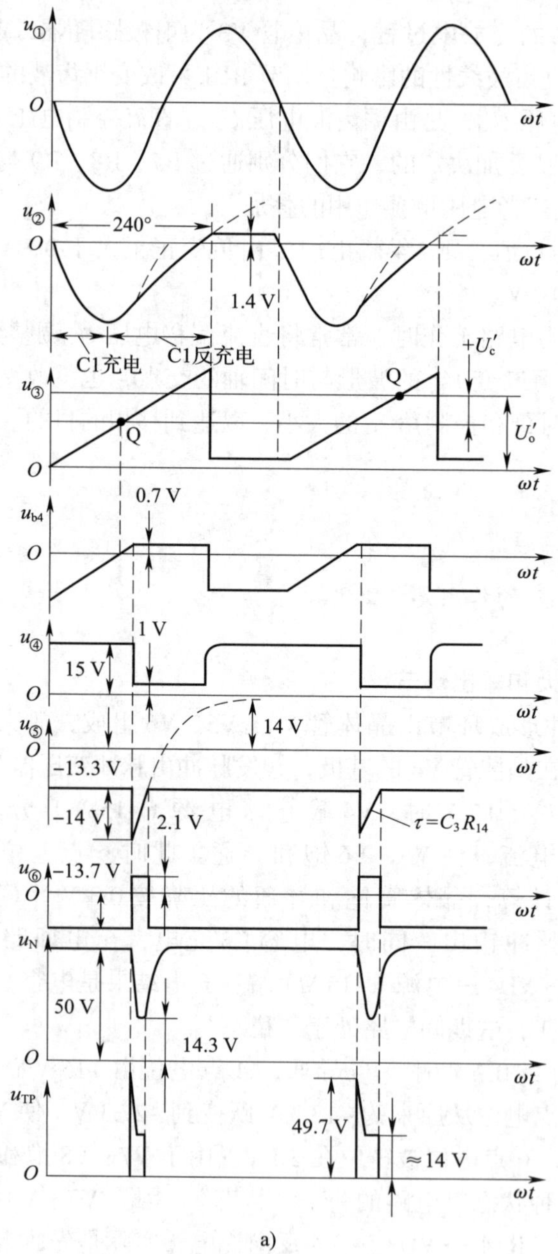

a)

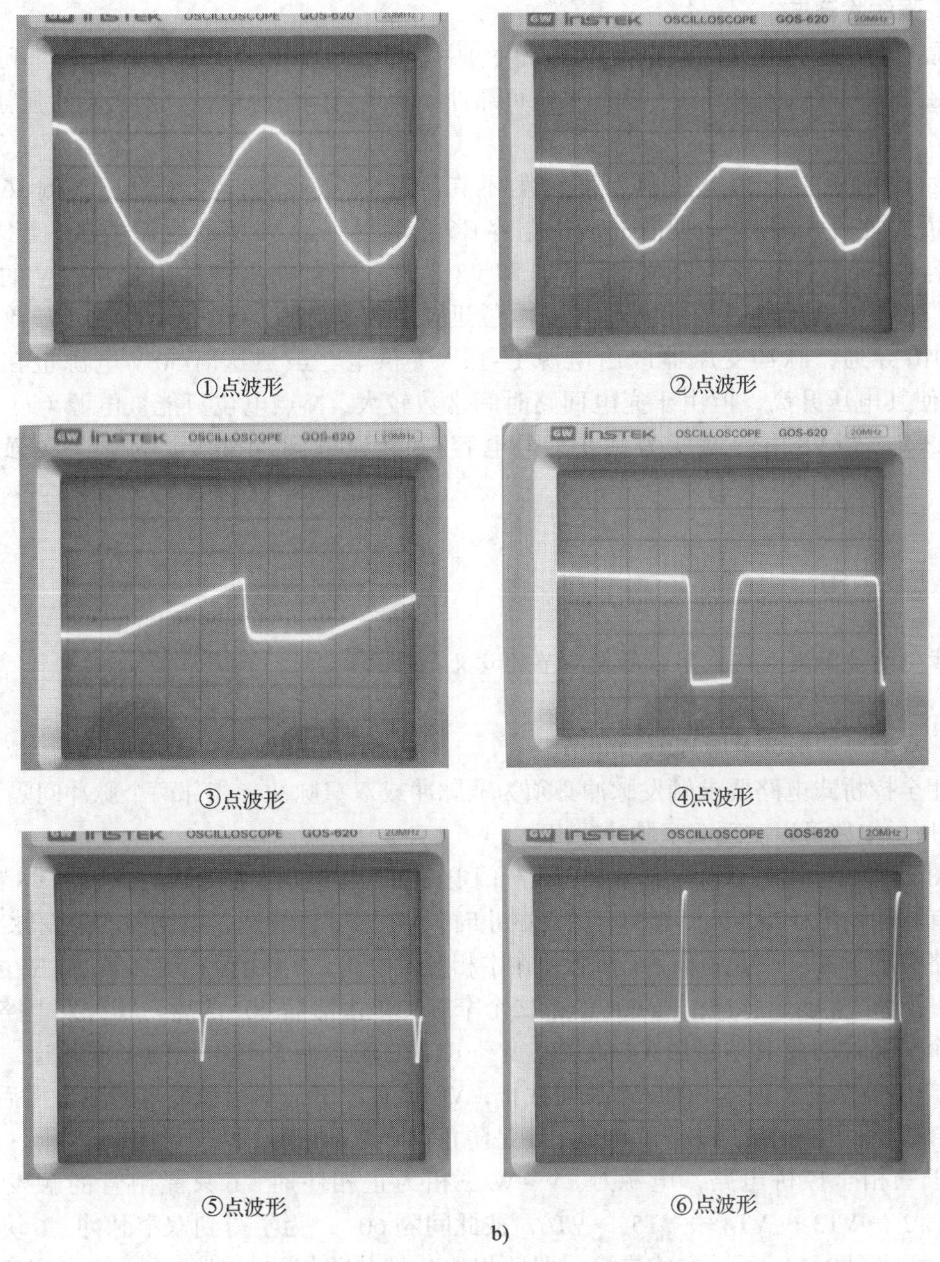

b)

图 2–13　锯齿波触发电路各点电压波形

a）波形图　b）显示波形

力；电容 C5 用于改善输出脉冲的前沿陡度；VD7 是为了防止在 V7、V8 截止时，脉冲变压器一次侧的感应电动势与电源叠加造成 V8 击穿；脉冲变压器二次侧的 VD8、VD9 是为了保证输出脉冲只能正向加在晶闸管的门极和阴极两端。

四、强触发环节

在晶闸管串、并联使用或全控桥式等大、中容量系统中，为了缩短晶闸管的开通时间，确保被触发的晶闸管同时导通，提高系统可靠性，常采用输出幅值高、前沿陡的强脉冲触发电路。

图 2–12 所示右上角电路即为强触发环节。当 V8 截止时，变压器二次侧 36 V 电压经单相桥式整流和阻容 π 型滤波后，电容 C6 充电得到近 50 V 的直流电压。当 V8 导通时，电容 C6 经脉冲变压器一次侧、R17 和 V8 迅速放电，输出脉冲出现 49.7 V 的强触发尖脉冲。由于放电回路电阻很小，N 点电位迅速下降，当 N 点电位下降到 14.3 V 时，二极管 VD10 导通，脉冲变压器改由电源（+15 V）供电。虽然这时 50 V 电源也在向电容 C6 充电使其电压升高，但由于充电回路时间常数较大，N 点电位只能被电源（+15 V）箝位在 14.3 V。当 V8 由导通变为截止后，电容 C6 又充电到近 50 V，为下一次强触发作准备。

同步锯齿波触发电路采用强触发环节的意义是什么？

五、双窄脉冲形成及脉冲封锁环节

三相全控桥式电路要求触发脉冲必须为宽脉冲或双窄脉冲，相邻两个脉冲间隔为 60°，图 2–12 所示电路可以实现双窄脉冲输出。

在图 2–12 中，V5、V6 构成一个“或”门电路，当 V5、V6 都导通时，V7、V8 都截止，电路没有脉冲输出；当 V5、V6 中有一个截止时，V7、V8 都导通，电路就有触发脉冲输出。为此电路引出了 X、Y 端，第一个窄脉冲在本相触发电路，V4 由截止变为导通，造成 V5 瞬间截止，于是 V8 输出脉冲；隔 60° 的第二个窄脉冲是由滞后 60° 的后一相触发电路，在产生第一个窄脉冲时将其信号由 V4 的集电极经 R12 的输出端 X 与本相的 Y 端相连，经电容 C4 微分产生负脉冲，使本相的 V6 瞬间截止，V8 导通，于是本相触发电路输出滞后 60° 的第二个窄脉冲。电路中的 VD3 和 R12 主要是防止双窄脉冲信号相互干扰。

对于三相全控桥电路，电源 U、V、W 三相为正相序时，6 只晶闸管的触发顺序为 VT1 → VT2 → VT3 → VT4 → VT5 → VT6，彼此间隔 60°，为了得到双窄脉冲，6 块触发板的 X、Y 可按图 2–14a 所示方式连接，即后相的 X 端与前相的 Y 端相连。输出的双窄脉冲排列，如图 2–14b 所示。

应当注意的是，使用这种触发电路的晶闸管装置，三相电源的相序必须是确定的。安装使用时，应先测定电源的相序，正确连接，才能正常工作。如果电源相序接反了，晶闸管装置将不能正常工作了。

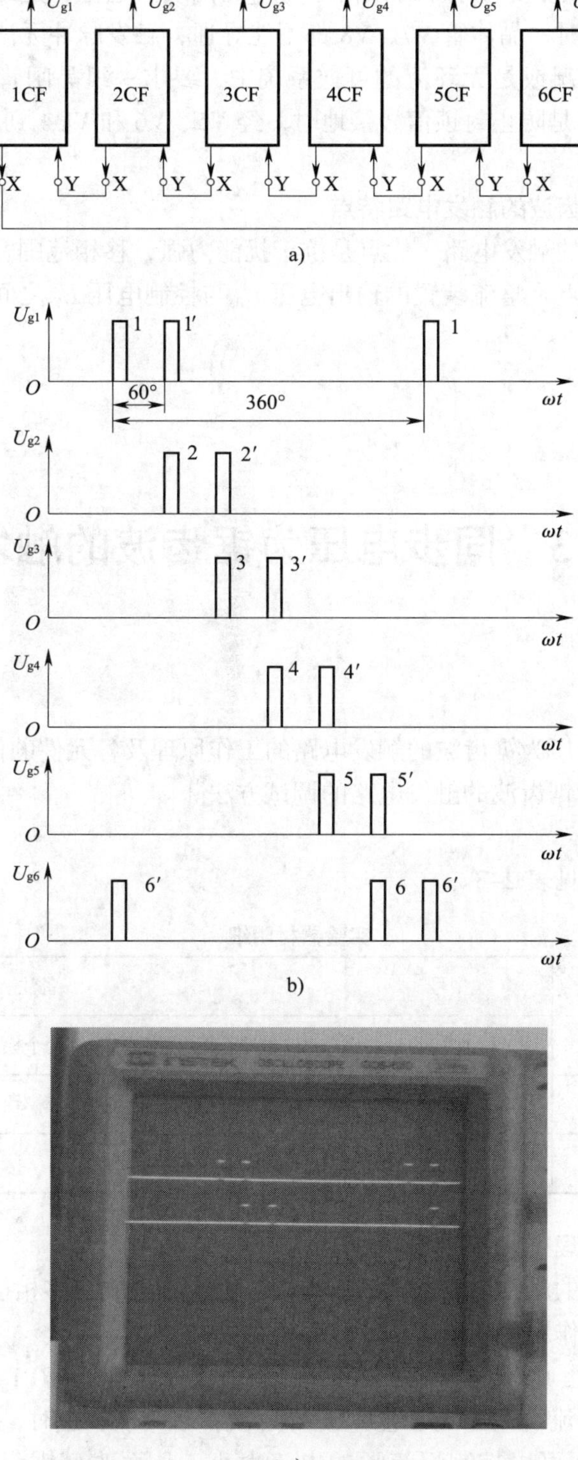

c)

图 2-14　实现双窄脉冲连接的示意图和脉冲序列

a）连接方式　b）波形　c）示波器显示

图 2–12 所示电路中所接的脉冲封锁信号为零电位或负电位，是通过 VD5 加到 V5 集电极的。当封锁信号接入时，晶体管 V7、V8 都不能导通，触发脉冲无法输出。触发脉冲封锁信号，一般用于事故情况或是无环流的可逆系统中，要求一组晶闸管工作另一组晶闸管封锁。二极管 VD5 的作用是防止封锁信号接地时，经 V5、V6 和 VD4 到电源（–15 V）之间产生大电流通路。

六、同步电压为锯齿波的触发电路特点

同步电压为锯齿波的触发电路，优点是抗干扰能力强，移相范围宽，不受电网电压波动与波形畸变的影响；缺点是整流装置的输出电压 U_d 与控制电压 U_c 之间不成线性关系，且电路较为复杂。

实验与实训 3　同步电压为锯齿波的触发电路实验

一、实验目的

1. 加深理解同步电压为锯齿波的触发电路的工作原理及各元件的作用。
2. 掌握同步电压为锯齿波的触发电路的调试方法。

二、实验器材

实验所需器材明细见表 2–3。

表 2–3　实验器材明细

序号	名称	型号	备注
1	电源控制屏	DS01	包含“三相电源输出”等几个模块
2	晶闸管触发电路	DS05	包含“锯齿波触发电路”等模块
3	双踪示波器		自备

三、实验电路及原理

同步电压为锯齿波的触发电路，由同步检测、锯齿波形成、移相控制、脉冲形成、脉冲放大等环节组成，其工作原理如图 2–15 所示。

由 V3、VD1、VD2、C1 组成同步检测环节，由 V1、V2、RP1 和 R3 组成恒流源电路，当 V3 截止时，恒流源对 C2 充电形成锯齿波；当 V3 导通时，电容 C2 通过 R4、V3 放电。调节电位器 RP1 可以控制恒流源的电流大小，从而改变锯齿波的斜率。控制电压 U_{ct}、偏移电压 U_b 和锯齿波电压在 V5 基极并联叠加，从而构成移相控制环节；RP2、RP3 分别控制电压 U_{ct} 和偏移电压 U_b 的大小，V6、V7 构成脉冲形成放大环节，C5 为强触

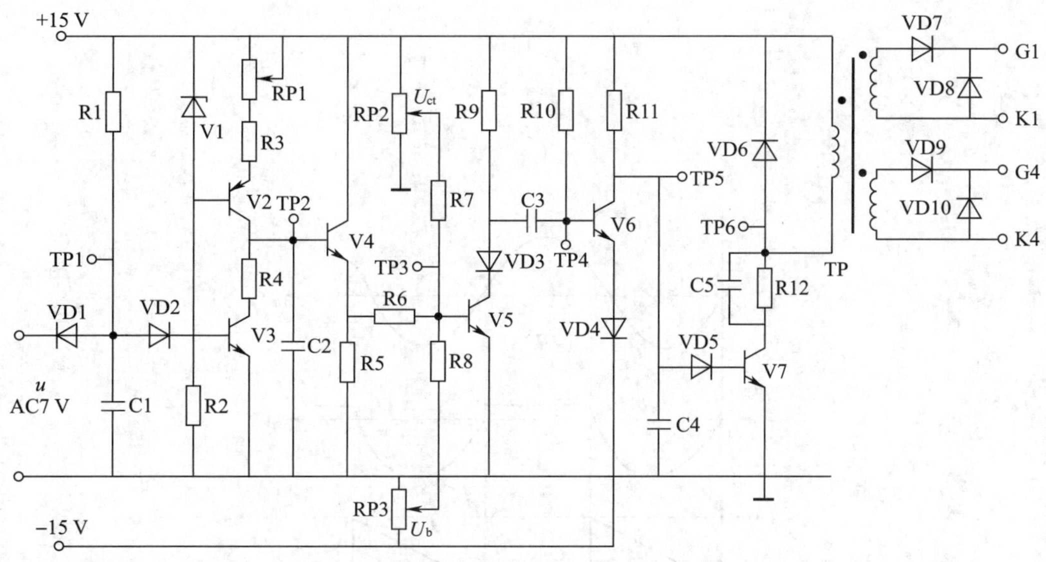

图 2–15 同步电压为锯齿波的触发电路工作原理图

发电容改善脉冲的前沿。由脉冲变压器输出触发脉冲，电路的各点电压波形，如图 2–16 所示。

四、实验内容及步骤

同步电压为锯齿波的触发电路实验箱面板如图 2–17 所示。

1. 接通同步变压器二次侧 7 V 交流电，用双踪示波器观察锯齿波同步触发电路各观察孔的电压波形。

（1）同时观察同步电压和“1”点的电压波形，分析“1”点电压波形形成的原因。

（2）观察“1”“2”点的电压波形，了解锯齿波宽度与“1”点电压波形的关系。

（3）调节电位器 RP1，观测“2”点锯齿波斜率的变化。

（4）观察“3 ~ 6”点电压波形和输出电压的波形，记下各波形的幅值与宽度，并比较“3”点电压 U_3 和“6”点电压 U_6 的对应关系。

2. 调节触发脉冲的移相范围，以 α 的移相范围为 90°，控制电压 U_{ct}=0 时的起始脉冲对应 α=180° 为例。

（1）用双踪示波器同时测量“1”点和“5”点的电压波形，调节示波器使波形位于示波器屏幕中央。

（2）调节示波器“扫描时间”和“扫描时间微调”旋钮，使“1”点波形的一个周期恰好占 6 个格，此时每个格代表 60°（后续不要再动“扫描时间”和“扫描时间微调”旋钮，否则每个格将不代表 60°）。

（3）将控制电压 U_{ct} 调至零（将电位器 RP2 顺时针旋到底），调节偏移电压 U_b（调节电位器 RP3）使“5”点脉冲的前沿位于“1”点正弦波上升沿与示波器屏幕中线的交点上。

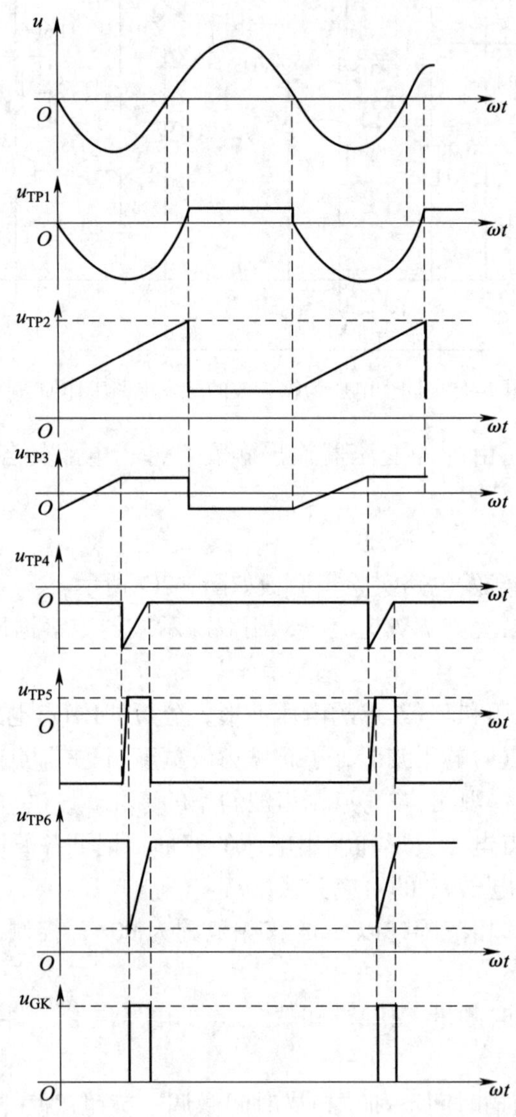

图 2-16　同步电压为锯齿波的触发电路各点电压波形（α=90°）

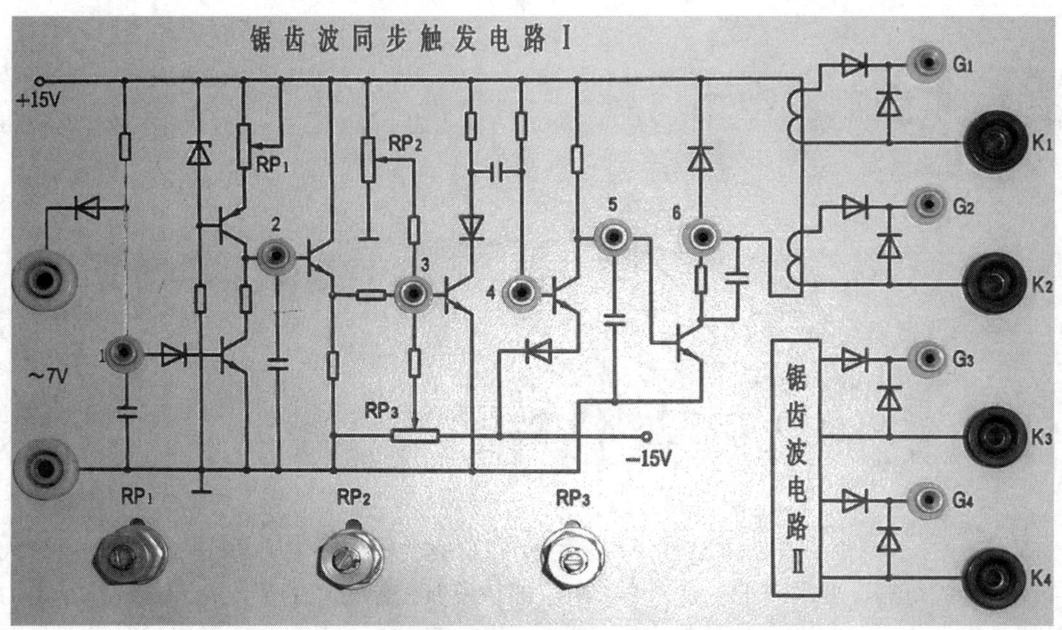

图 2–17 同步电压为锯齿波的触发电路实验箱面板

（4）从零调大控制电压 U_{ct}（逆时针调节电位器 RP2），看脉冲的移相范围是否能达到 90°，若不能，则调节 RP1（顺时针调移相范围变小，反之变大），重复步骤（3）、（4）直到达到要求为止。

3. 调节 U_{ct}（旋转电位器 RP2）使 α=60°，观察 U_1 ~ U_6 以及输出点 G、K 的脉冲电压波形，标出其幅值与宽度（可在示波器上直接读数，读数时应将示波器的“V/DIV”和“t/DIV”微调旋钮，旋转到校准位置），并记录在表 2–4 中。

表 2–4 数据记录表

	U_1	U_2	U_3	U_4	U_5	U_6
幅值 /V						
宽度 /ms						

五、实验报告

整理、绘制实验中记录的各点波形，标出其幅值和宽度。

思考与练习

1. 同步电压为锯齿波的触发电路有哪些特点?
2. 同步电压为锯齿波的触发电路的移相范围与哪些参数有关?

§2-4 集成触发电路

学习目标

1. 了解集成触发电路的特点
2. 了解 KC04、KC41C 集成芯片的原理与应用
3. 能够简单分析由 KC04、KC41C 集成芯片组成的集成触发电路的工作原理

本章 2、3 节讨论的触发电路都是由分立元件组成的。随着电力电子技术的发展，人们对变流装置的可靠性要求越来越高，电力电子器件及其控制电路的集成化和规模化是电力电子技术的发展方向。目前，相控集成触发器主要有 KC（KJ）系列。由于集成触发器具有体积小、功耗低、温漂小、性能稳定可靠、接线维修调试方便等优点，所以近年来应用越来越广泛。下面就以 KC04 移相触发器和 KC41C 六路双脉冲形成器组成的三相全控桥集成触发器为例，介绍其基本结构和工作过程。

一、KC04 移相触发器

图 2–18 所示为 KC04 移相触发器的外形图，KC04 采用 16 脚封装形式，其内部电路与分立元件组成的锯齿波触发电路相似，也是由同步环节、锯齿波形成环节、脉冲移相环节、脉冲形成环节和脉冲放大环节等部分组成。

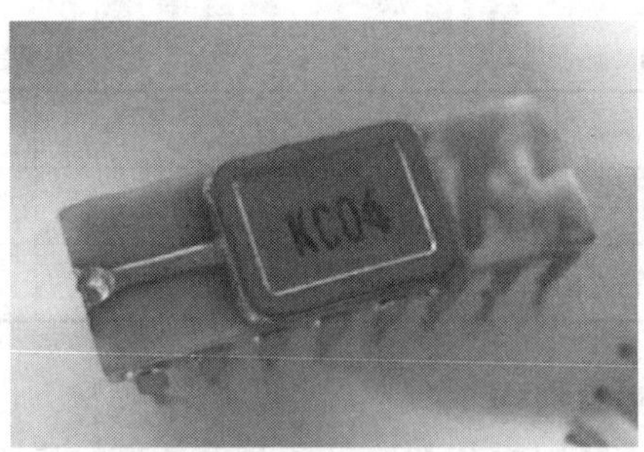

图 2–18　KC04 移相触发器的外形图

KC04 适合于在单相、三相全控桥整流装置中作晶闸管的双路脉冲移相触发使用，其外部接线图如图 2–19 所示。

在图 2–19 中，KC04 的 16 号管脚接电源（+15 V）；5 号管脚接电源（–15 V）；8 号管脚接同步电压，一般同步电压需经滤波以提高抗干扰能力；4 号管脚形成锯齿波，锯齿波的斜率可通过改变电阻器 RP 的阻值来调节；9 号管脚为锯齿波、直流偏移电压 U_b、移相控制

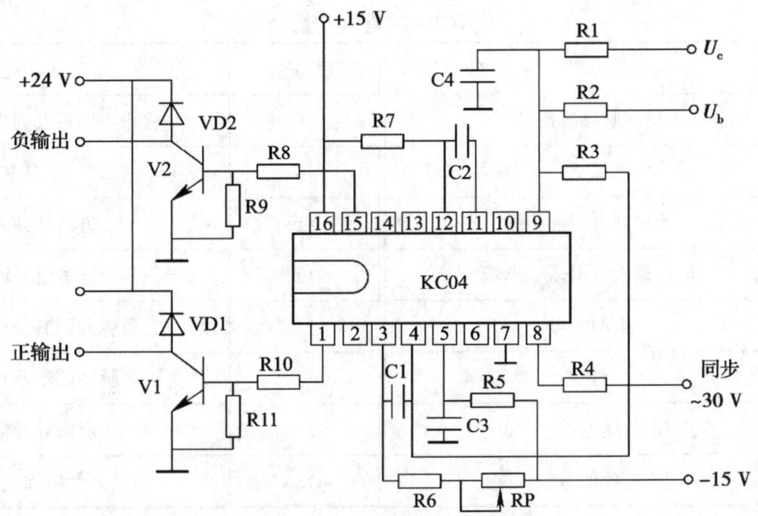

图 2-19　KC04 外部接线图

电压 U_c 的综合比较输入端，可改变脉冲产生的时刻，使脉冲得以移相；11 号和 12 号管脚所接 C2 与 R7 决定了脉冲的宽度，即充电时间常数 $\tau=R_7C_2$；1 号和 15 号管脚在同步电压每个周期内，输出两路相位间隔 180° 的窄脉冲。

KC04 各管脚的电压波形如图 2-20 所示，各管脚功能见表 2-5。

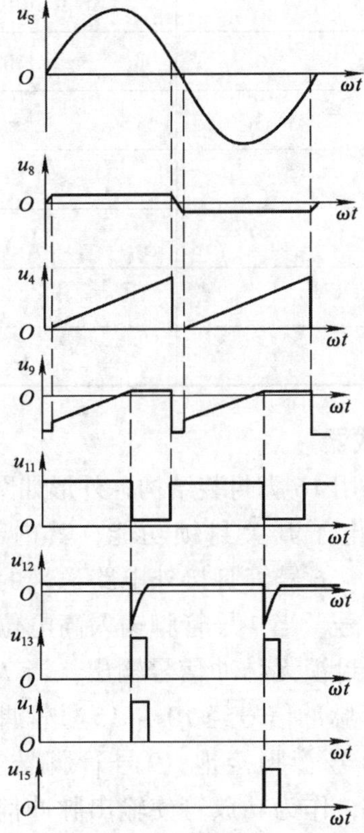

图 2-20　KC04 各管脚的电压波形

表 2–5　**KC04 的管脚功能**

管脚号	功能	管脚号	功能
1	同相脉冲输出端	9	移相、偏移及同步信号综合端
2	悬空	10	悬空
3	锯齿波电容连接端	11	方波脉冲输出端
4	同步锯齿波电压输出端	12	脉宽信号输入端
5	电源负极	13	负脉冲调制及封锁控制端
6	悬空	14	正脉冲调制及封锁控制端
7	接地端	15	反向脉冲输出端
8	同步电源信号输入端	16	电源正极

KC04 的主要技术参数见表 2–6。

表 2–6　**KC04 的主要技术参数**

参数	参数范围
电源电压	DC ± 15 V，允许波动 ± 5%
电源电流	正电流≤ 15 mA，负电流≤ 8 mA
移相范围	≥ 170°（同步电压 30 V，R_4=15 kΩ）
脉冲宽度	400 μs ～ 2 ms
脉冲幅值	≥ 13 V
最大输出能力	100 mA
正负半周脉冲相位不均衡	≤ ± 3°
环境温度	–10 ～ 70 ℃

二、KC41C 六路双脉冲形成器

KC41C 六路双脉冲形成器采用 16 脚封装结构，外形如图 2–21 所示。

KC41C 具有双脉冲形成和电子开关封锁功能，其内部原理电路和外部接线图，如图 2–22 所示。图中 KC41C 的 1 ～ 6 号管脚接外电路送来的脉冲信号，7 号管脚接脉冲封锁信号，当 7 号管脚输入高电位信号或悬空时，10 ～ 15 号管脚被封锁无脉冲信号输出，当 7 号管脚输入低电平信号或接地时，脉冲信号经 10 ～ 15 号管脚输出；16 号管脚接 +15 V 电压；8 号管脚接地；9 号管脚悬空。KC41C 可外接 3DK4 或者 3DG27，作为功放管使输出脉冲信号进一步放大。

图 2–21　KC41C 外形

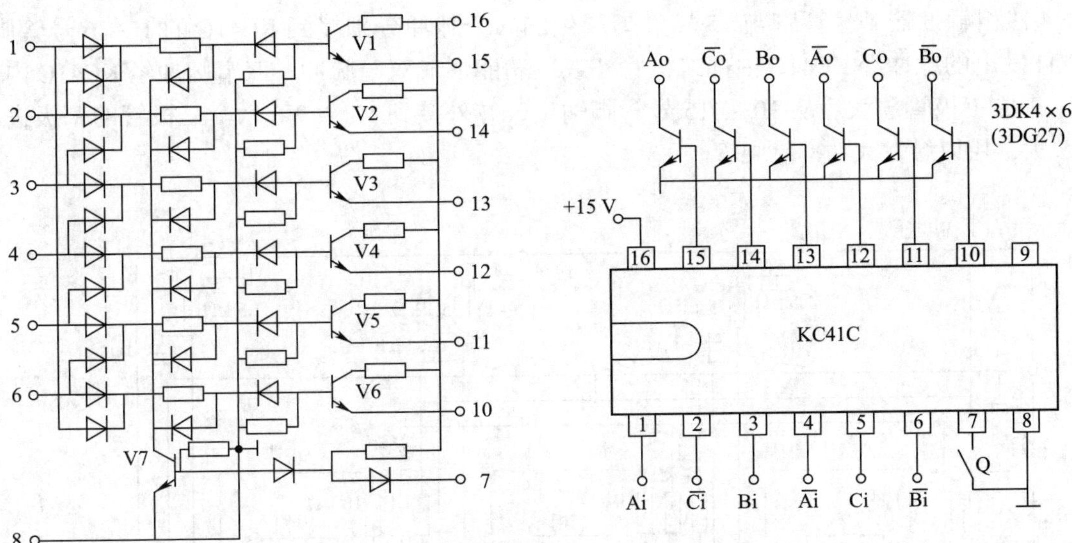

图 2-22　KC41C 内部原理电路和外部接线图

实验与实训 4　三相集成锯齿波触发电路实验（KC41）

一、实验目的

1. 加深对三相集成锯齿波触发电路工作原理和各元件作用的理解。

2. 掌握三相集成锯齿波触发电路的调试方法。

二、实验器材

实验所需器材明细见表 2-7。

表 2-7　实验器材明细

序号	名称	型号	备注
1	电源控制屏	DS01	包含“三相电源输出”等模块
2	三相可控整流电路	DS03	包含“三相锯齿波触发电路”等模块
3	双踪示波器		自备
4	万用表		自备

三、实验电路及原理

图 2–23 所示是由三块 KC04 和一块 KC41C 组成的三相全控桥双脉冲触发电路。把三块 KC04 移相触发器 1 号管脚与 15 号管脚产生的 6 个脉冲分别接到 KC41C 的 1 ~ 6 号管脚，KCO4 发出的脉冲经 KC41C 内部二极管“或”功能形成双窄脉冲，双窄脉冲经 KC41C 内部六个集成三极管放大后从 10 ~ 15 号管脚输出，并外接到 V1 ~ V6 六个三极管的基极进一步放大，用以触发大功率晶闸管。

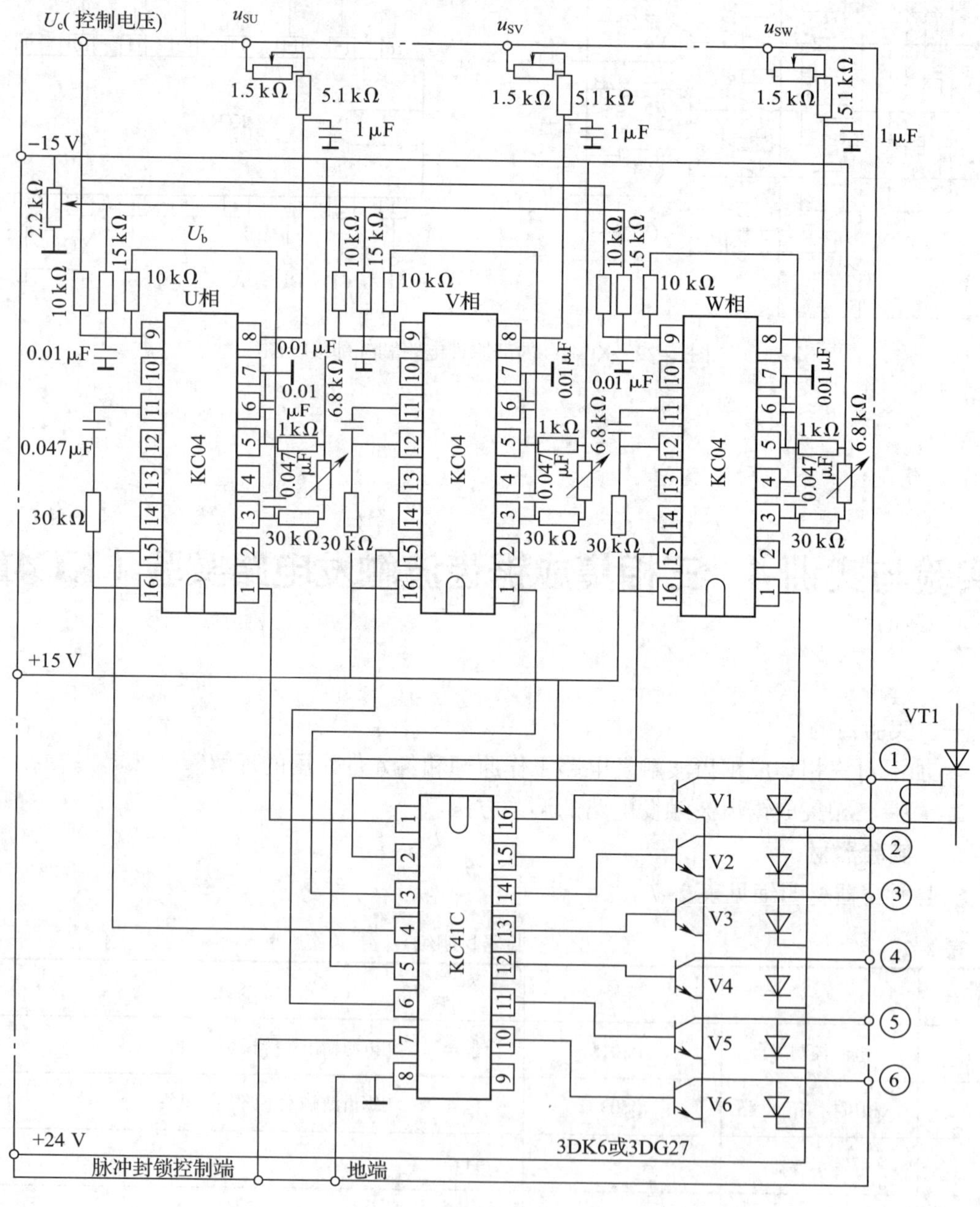

图 2–23　三相全控桥双窄脉冲集成触发电路

四、实验内容及步骤

实验箱面板如图 2–24 所示。

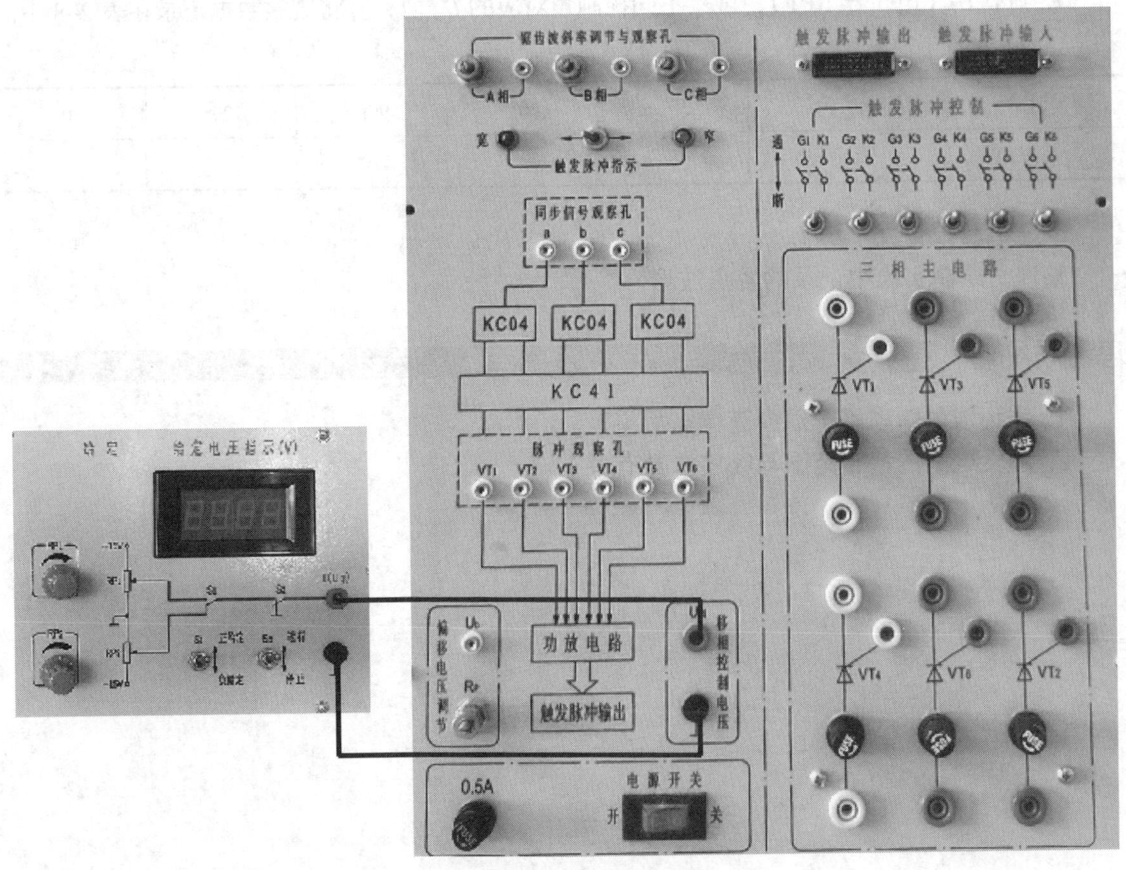

图 2–24　实验箱面板

1. 打开 DS01 总电源开关，操作“电源控制屏”上的“三相电网电压指示”切换开关，观察输入的三相电网电压是否平衡。

2. 打开 DS03 电源开关，拨动“触发脉冲指示”钮子开关，使“窄”的发光管亮起。

3. 观察 A、B、C 三相的锯齿波，调节 A、B、C 三相锯齿波斜率调节电位器（在各观测孔左侧），使三相锯齿波斜率尽可能一致。

4. 调节示波器“扫描时间”和“扫描时间微调”旋钮，使“1”点波形的一个周期恰好占 6 个格，此时每个格代表 60°（注意后续调试不能再动旋钮，否则每个格不确保代表 60°）。

5. 将 DS01 上的给定输出电压 U_g 直接与 DS03 上的移相控制电压 U_{ct} 相接，将给定开关 S2 拨到接地位置（即 U_{ct}=0），调节 DS03 上的偏移电压电位器 RP，用双踪示波器观察 a 相同步电压信号和“脉冲观察孔”VT1 的输出波形，使 α=150°（注意此处的 α 表示三相晶闸管电路中的控制角，它的 0° 从自然换流点开始计算，前面实验中的单相晶闸管电路的 0° 控制角则是从同步信号过零点开始计算，两者存在相位差，前者比后者滞后 30°）。

6. 适当增加 U_g 的正向电压输出，观测 DS03 上“脉冲观察孔”的波形，此时应能观测到单窄脉冲和双窄脉冲。

7. 调节 U_{ct}（电位器 RP1），观察不同控制角对应的 U_{ct} 值，并将观察数据记录在表 2–8 中。

表 2–8　数据记录表

α	0°	30°	60°	90°	120°	150°
U_{ct}/V						

五、实验报告

整理、绘制实验中记录的各点波形。

思考与练习

1. 锯齿波的斜率不一致会有什么后果?
2. 触发电路的移相范围与哪些参数有关?

第三章 单相可控整流电路

随着科学技术的不断发展，人们对电力的需求越来越大。在实际生产和生活中，经常要用到各种可调直流电源，这就需要利用变流装置把交流电转换为直流电，如图 3-1 所示。

晶闸管整流电路因结构简单、控制方便、性能稳定，被广泛应用于变流装置中，利用它可方便得到各种大、中、小容量的直流电源，适合高压、低压、大电流等各种用电场合，

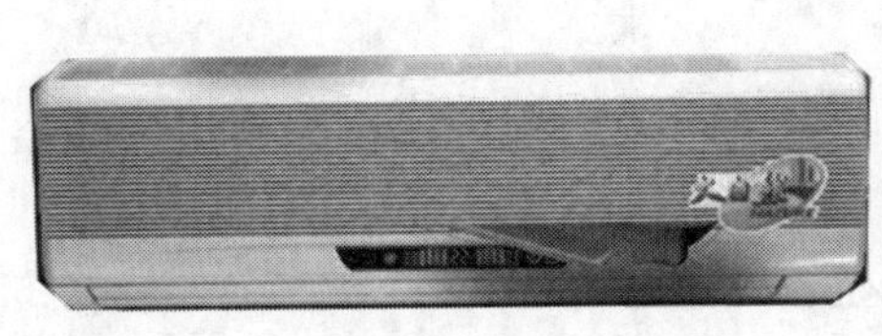

家电

交通

直流输电

工业设备（电镀）

图 3-1 整流电路应用领域举例

是目前主要获得直流电的方法。晶闸管整流的形式根据相数的不同可分为单相、三相和多相整流，下面主要介绍单相可控整流电路。

§3-1 单相半波可控整流电路

学习目标

1. 能够分析单相半波可控整流电路
2. 能够绘制并计算单相半波可控整流电路的输出电压和电流
3. 能够通过计算电路参数合理选择元器件

单相可控整流电路可分为单相半波和单相桥式可控整流电路，它们因连接的负载性质不同会有不同的特点。首先介绍单相半波可控整流电路。

一、单相半波可控整流电路（接电阻性负载）

1. 工作原理

接电阻性负载的单相半波可控整流电路如图 3-2a 所示。图中 Tr 称为整流变压器，其二次侧的输出电压为

$$u_2=\sqrt{2}\,U_2\sin\omega t \tag{3-1}$$

在电源电压正半周期，晶闸管 VT 承受正向电压，当 $\omega t<\alpha$ 时，由于未加触发脉冲 u_g，VT 处于正向阻断状态而承受全部电压 u_2，负载 R_d 中无电流通过，负载电压 u_d 为零；

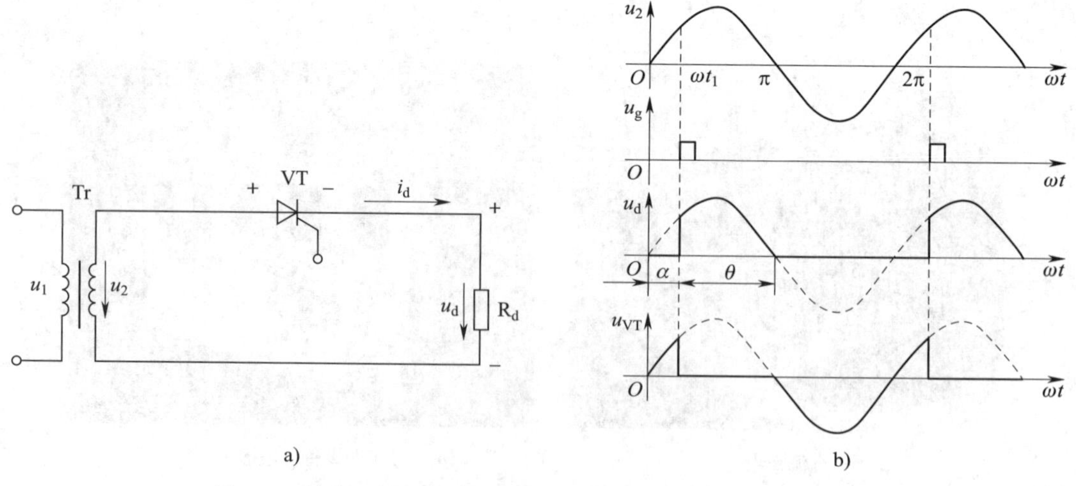

图 3-2 接电阻性负载的单相半波可控整流电路及其工作波形

当 $\omega t=\alpha$ 时，VT 被 u_g 触发导通，电源电压 u_2 全部加在 R_d 上（忽略 VT 管压降），到 $\omega t=\pi$ 时，电压 u_2 过零，上述过程中，$u_d=u_2$。随着电压的下降电流也下降，当电流下降到小于晶闸管的维持电流时，晶闸管 VT 关断，此时 i_d、u_d 均为零。在 u_2 的负半周期，VT 承受反向电压，一直处于反相阻断状态，u_2 全部加在 VT 两端。直到下一个周期触发脉冲 u_g 的到来，VT 又被触发导通，电路又重复上述过程，如图 3-2b 所示。

在单相可控整流电路中，晶闸管从承受正向电压起到触发导通之间的电角度 α 称为触发延迟角（或触发角、控制角），晶闸管在一个周期内导通的电角度称为导通角，用 θ 表示。对于图 3-2a 所示的电路，若控制角为 α，则晶闸管的导通角为

$$\theta=\pi-\alpha \tag{3-2}$$

带电阻性负载的单相半波可控整流电路基输出电压和晶闸管电压的实测波形，见表 3-1。

表 3-1　带电阻性负载的单相半波可控整流电路输出电压和晶闸管电压实测波形

α	u_d 实测波形	u_{VT} 实测波形
30°	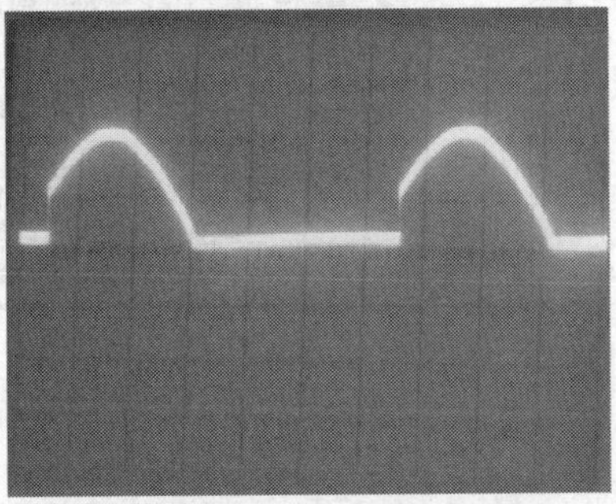	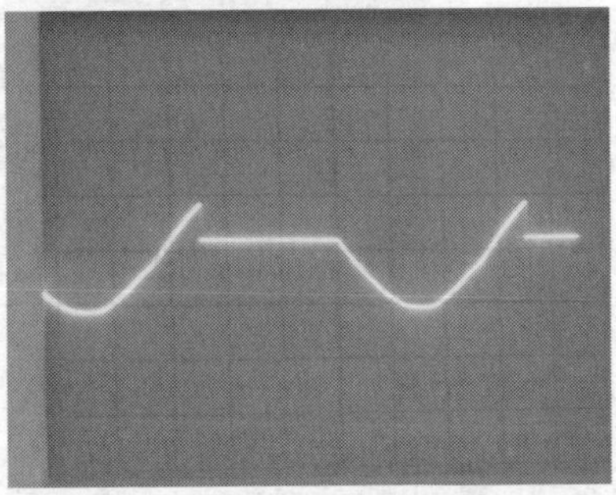
60°	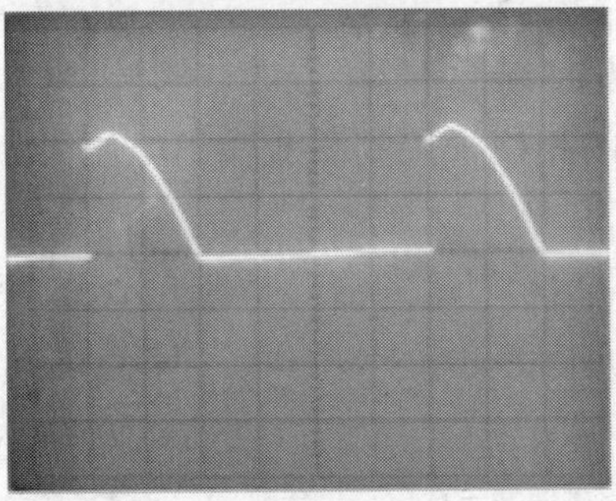	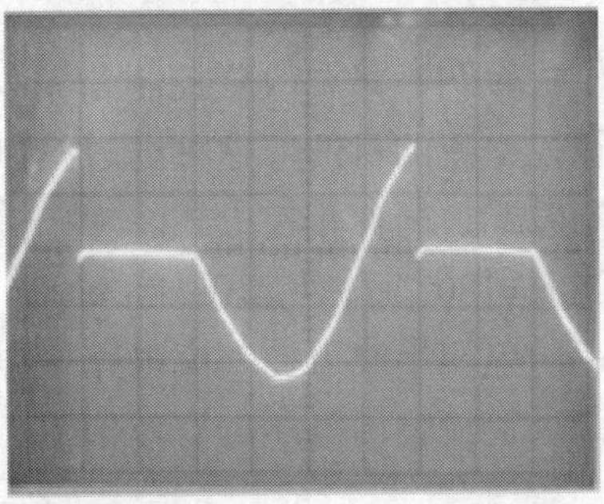
90°	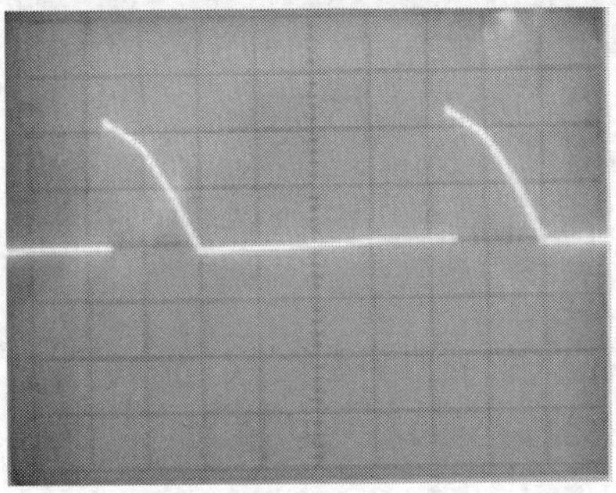	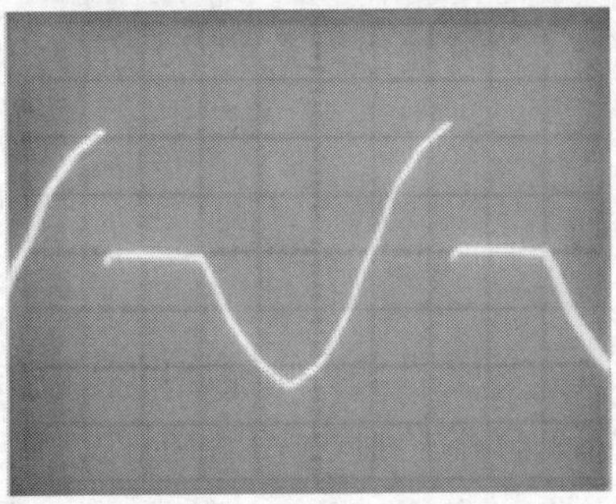

续表

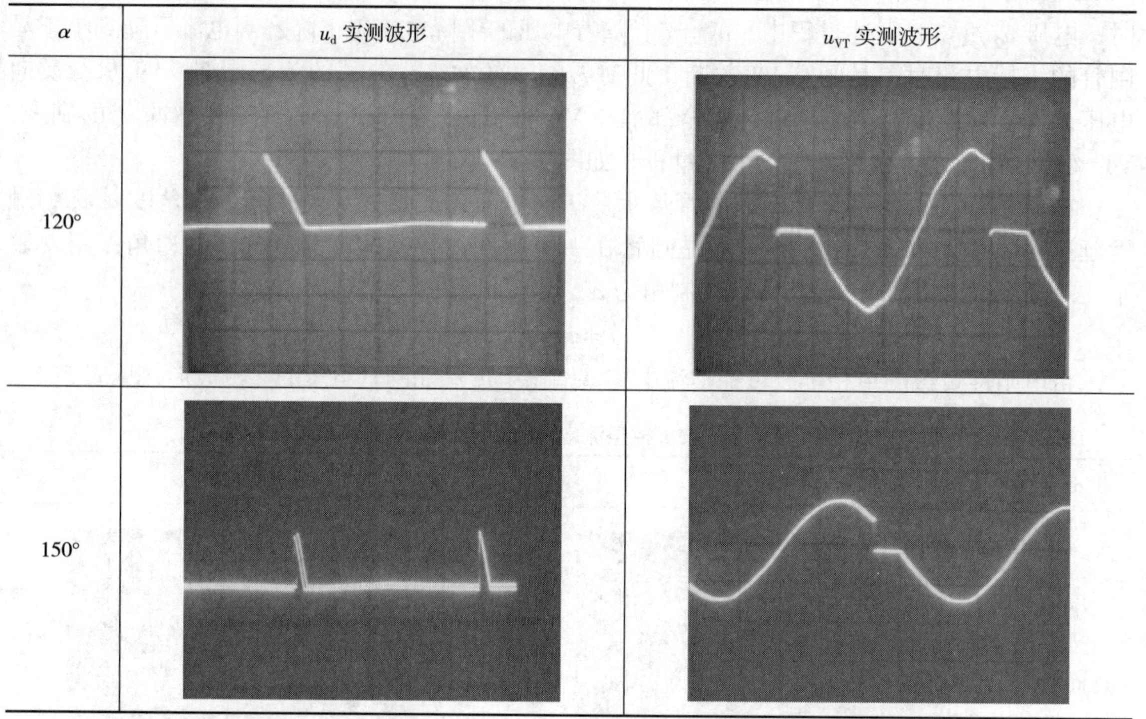

α	u_d 实测波形	u_{VT} 实测波形
120°		
150°		

2. 参数计算

（1）整流输出电压平均值 U_d

$$U_d = 0.45U_2\frac{1+\cos\alpha}{2} \tag{3-3}$$

上式表明，只要改变控制角 α（即改变触发时刻），就可以改变整流输出电压的平均值，达到相控整流的目的。这种通过控制触发脉冲的相位来控制直流输出电压大小的方式称为相位控制方式，简称相控方式。

当 α=180° 时，U_d =0；当 α=0° 时，U_d =0.45U_2 为最大值。控制角 α 的变化范围称为移相范围。单相半波可控整流电路带电阻性负载时的移相范围为 0° ～ 180°

（2）整流输出电压的有效值 U

$$U = U_2\sqrt{\frac{\sin 2\alpha}{4\pi}+\frac{\pi-\alpha}{2\pi}} \tag{3-4}$$

（3）整流输出电流的平均值 I_d 和有效值 I

$$I_d = \frac{U_d}{R_d} \tag{3-5}$$

$$I = \frac{U}{R_d} \tag{3-6}$$

（4）变压器二次侧输出的有功功率 P、视在功率 S 和功率因数 $\cos\varphi$

如果忽略晶闸管 VT 的损耗，则变压器二次侧输出的有功功率为

$$P=I^2R_d=UI \tag{3-7}$$

电源输入的视在功率为

$$S=U_2I \tag{3-8}$$

电路的功率因数为

$$\cos\varphi=\frac{P}{S}=\frac{UI}{U_2I}=\frac{U}{U_2}=\sqrt{\frac{\sin2\alpha}{4\pi}+\frac{\pi-\alpha}{2\pi}} \tag{3-9}$$

从上式（3–9）可知，功率因数是控制角 α 的函数，且 α 越大，相控整流输出电压越低，功率因数 $\cos\varphi$ 越小。当 $\alpha=0°$ 时，$\cos\varphi\approx0.707$ 为最大值。由于存在谐波电流，即使是电阻性负载，$\cos\varphi$ 也不会等于 1。

（5）晶闸管的最大反向电压 U_{RM}

$$U_{RM}=\sqrt{2}\,U_2 \tag{3-10}$$

【例 3–1】 在单相半波可控整流电路中，其负载为电阻性负载，$R_d=5\ \Omega$，由 220 V 交流电源直接供电，要求输出平均直流电压为 50 V，求晶闸管的控制角 α、导通角 θ、电源容量 S 及功率因数 $\cos\varphi$，并选用晶闸管型号。

解： 由于 $U_d=0.45U_2\dfrac{1+\cos\alpha}{2}$，把 $U_d=50$ V、$U_2=220$ V 代入上式，可得

$$\alpha=89°\approx1.55\ \text{rad}$$

则导通角

$$\theta=\pi-\alpha=180°-89°=91°\approx1.59\ \text{rad}$$

又因为

$$I=\frac{U}{R_d}\sqrt{\frac{\pi-\alpha}{2\pi}+\frac{\sin2\alpha}{4\pi}}=\frac{220\ \text{V}}{5\ \Omega}\sqrt{\frac{\pi-1.55}{2\pi}+\frac{\sin(2\times89°)}{4\pi}}\approx22\ \text{A}$$

所以电源容量

$$S=U_2I=220\ \text{V}\times22\ \text{A}=4\ 840\ \text{VA}$$

功率因数

$$\cos\varphi=\sqrt{\frac{\pi-\alpha}{2\pi}+\frac{\sin2\alpha}{4\pi}}=\sqrt{\frac{\pi-1.55}{2\pi}+\frac{\sin(2\times89°)}{4\pi}}\approx0.499$$

由图 3–2b 可知，晶闸管的最大反向电压

$$U_{RM}=\sqrt{2}\,U_2=\sqrt{2}\times220\ \text{V}\approx311\ \text{V}$$

晶闸管的额定电压

$$U_{Tn}=(2\sim3)U_{RM}=(2\sim3)\times311\ \text{V}=622\sim933\ \text{V}$$

按晶闸管的额定电压等级选取 800 V，即 8 级；

由于流过晶闸管的电流有效值

$$I_T=I=22\ \text{A}$$

所以晶闸管的额定电流

$$I_{T(AV)}=(1.5\sim2)\frac{I_T}{1.57}=(1.5\sim2)\times\frac{22\ \text{A}}{1.57}\approx21\sim28\ \text{A}$$

按晶闸管的额定电流参数系列选取 30 A，根据国产晶闸管的型号命名，可选用晶闸管的型号为 KP30—8。

二、单相半波可控整流电路（接电感性负载）

1. 工作原理

整流电路一般接电感性负载。电感性负载可以等效为电感 L_d 和电阻 R_d 串联，如图 3-3a 所示；接电感性负载的单相半波可控整流电路各电量的工作波形，如图 3-3b 所示。在 u_2 正半周期，$\omega t=\omega t_1=\alpha$ 时刻触发晶闸管 VT 导通，u_2 加到电感性负载上。由于电感中感应电动势的作用，电流 i_d 只能从零开始上升，当上升到 $\omega t=\omega t_2$ 时刻达到最大值，随后 i_d 开始减小。由于电感中感应电动势要阻碍电流的减小，到 $\omega t=\omega t_3$ 时刻 u_2 过零变负时，i_d 并未下降到零，而是继续减小，此时负载上的电压 u_d 为负值。直到 $\omega t=\omega t_4$ 时刻，电感上的感应电动势与电源电压相等，i_d 下降到零，晶闸管 VT 关断。此后晶闸管承受反向电压，到下一周期 $\omega t=\omega t_5$ 时刻，触发脉冲又使晶闸管导通，并重复上述过程。

由图 3-3b 可知，在电角度 α 到 π 期间，负载上电压为正；在 π 到 $\theta+\alpha$ 期间，负载上电压为负。因此，与电阻性负载相比，电感性负载上得到的输出电压平均值要小。

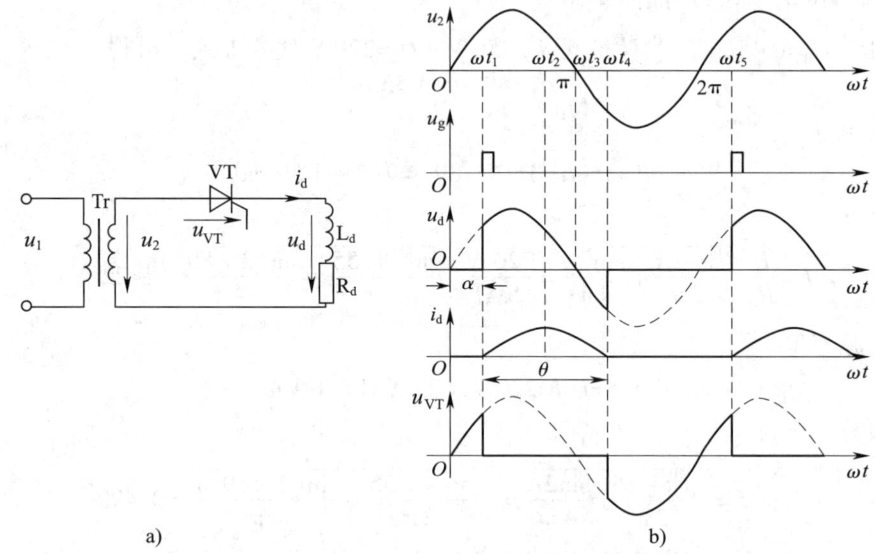

图 3-3　接电感性负载的单相半波可控整流电路及其工作波形

负载中存在电感，使负载电压波形出现负值部分，且负载中 L_d 越大，晶闸管的导通角 θ 越大，输出电压波形图上负电压的面积越大，从而使输出电压平均值减小。在大电感负载（$\omega L_d>>R_d$）的情况下，负载电压波形图中正负电压面积相近，即不论 α 为何值，都有 $\theta\approx 2\pi-2\alpha$，$U_d=0$，其波形如图 3-4 所示。

在单相半波可控整流电路中，由于电感的存在，整流输出电压的平均值将减小，特别是在大电感负载（$\omega L_d>>R_d$）时，输出电压平均值接近于零，负载上得不到应有的电压。解决办法是在负载两端并联续流二极管 VD。

图 3-5a 是接大电感负载和续流二极管的单相半波可控整流电路，图 3-5b 是其各电量的工作波形。在电源电压正半周期 $\omega t=\alpha$ 时刻触发晶闸管导通，二极管 VD 承受反向电压不导通，负载上电压波形与不加二极管时相同。当电源电压过零变负时，二极管受正向电压导

通，负载上电感的维持电流经二极管继续流通，故二极管 VD 称为续流二极管。二极管导通时，晶闸管被施加反向电压而关断，此时负载上电压为零（忽略二极管管压降），不会出现负电压。由此可见，在电源电压正半周期，负载电流由晶闸管导通提供；在电源电压负半周期，续流二极管 VD 维持负载电流；因此，负载电流是一个连续且平稳的直流电流。大电感负载时，负载电流波形是一条平行于横轴的直线，其值为 I_d，波形图如图 3-5b 所示。

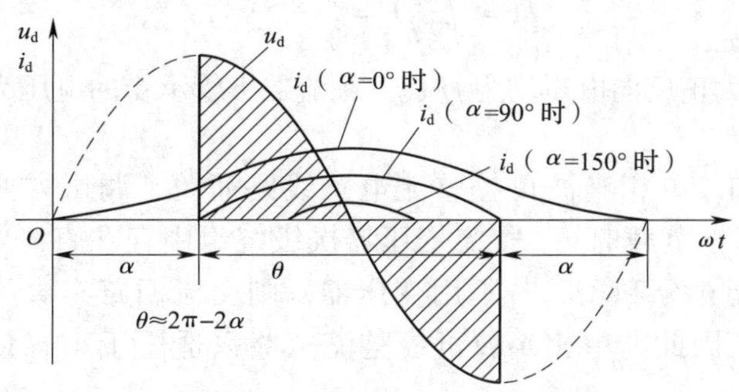

图 3-4　$\omega L_d >> R_d$ 时不同 α 的波形

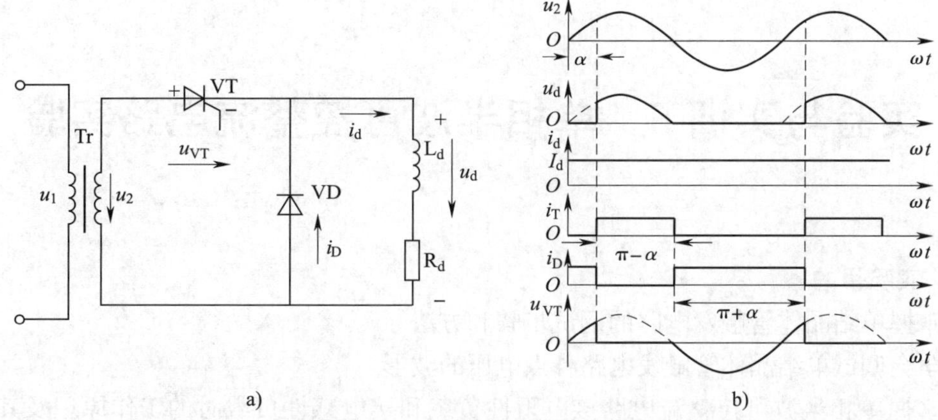

图 3-5　接大电感负载和续流二极管的单相半波可控整流电路及其工作波形

如果没有续流二极管，会出现什么现象？为什么？

2. 电感性负载（大电感）参数计算

设 θ_T 和 θ_D 分别为晶闸管和续流二极管在一个周期内的导通角，则晶闸管的电流平均值为

$$I_{dT} = \frac{\theta_T}{2\pi} I_d = \frac{\pi - \alpha}{2\pi} I_d \tag{3-11}$$

流过续流二极管的电流平均值为

$$I_{dD}=\frac{\theta_D}{2\pi}I_d=\frac{\pi+\alpha}{2\pi}I_d \tag{3-12}$$

流过晶闸管和续流二极管的电流有效值分别为

$$I_T=\sqrt{\frac{\theta_T}{2\pi}}I_d=\sqrt{\frac{\pi-\alpha}{2\pi}}I_d \tag{3-13}$$

$$I_D=\sqrt{\frac{\theta_D}{2\pi}}I_d=\sqrt{\frac{\pi+\alpha}{2\pi}}I_d \tag{3-14}$$

晶闸管承受的最大正反向电压均为$\sqrt{2}U_2$。续流二极管承受的电压为 $-u_d$，承受的最大反向电压为$\sqrt{2}U_2$。

由以上内容可知，单相半波可控整流电路线路简单、调试方便，但输出电压和负载电流脉动大（电阻性负载时），整流变压器次级绕组中存在直流电流分量，使铁芯磁化，变压器容量不能充分利用。若不用变压器，则交流回路有直流电流，使电网波形畸变引起额外损耗，因此，单相半波可控整流电路只适用于小容量和波形要求不高的场合。

实验与实训 5　单相半波可控整流电路实验

一、实验目的

1. 掌握单结晶体管触发电路的调试步骤和方法。
2. 学会调试单结晶体管触发电路各点电压的波形。
3. 掌握单相半波可控整流电路接电阻性负载和接电感性负载时的工作原理及其整流输出电压（u_d）波形。
4. 了解续流二极管的作用。

二、实验器材

实验所需器材明细见表 3-2。

表 3-2　实验器材明细

序号	名称	型号	备注
1	电源控制屏	DS01	包含“三相电源输出”“励磁电源”等模块
2	三相整流桥	DS03	包含晶闸管和电感等模块
3	晶闸管触发电路	DS05	包含单结晶体管触发电路模块
4	二极管、晶闸管	DS17	包含二极管及开关等模块

续表

序号	名称	型号	备注
5	变阻器		0.5 A，900 Ω；1.5 A，90 Ω
6	双踪示波器		自备
7	万用表		自备

实验器材实物挂件如图 3–6 所示。

三、实验电路及原理

单相半波可控整流实验原理电路如图 3–7 所示。将 DS05 挂件上的单结晶体管触发电路的输出端“G”和“K”，接到 DS03 挂件面板上反桥中的任意一个晶闸管的门极和阴极；晶闸管主电路的“触发脉冲输入”端的扁平电缆不要接，并将相应的触发脉冲的钮子开关关

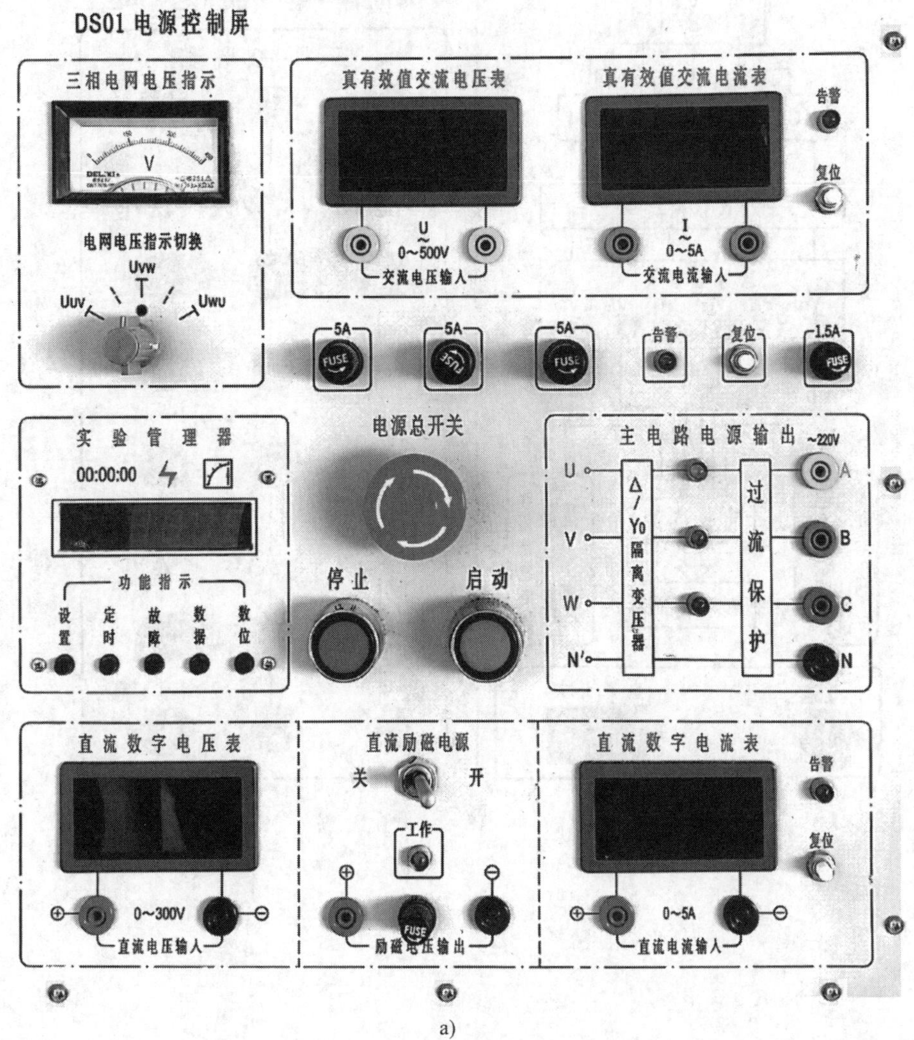

a)

DS03
锯齿波斜率调节与观察孔
A相
B相
C相
宽
窄
触发脉冲指示
同步信号观察孔
a
b
c
KC04
KC04
KC04
KC41
脉冲观察孔
VT1
VT2
VT3
VT4
VT5
VT6
偏移电压调节
Ub
RP
功放电路
触发脉冲输出
Uct
移相控制电压
0.5A
FUSE
电源开关
开
关
触发脉冲控制
通
断
G1 K1 G2 K2 G3 K3 G4 K4 G5 K5 G6 K6
三相主电路
VT1
VT3
VT5
VT4
VT6
VT2
FUSE

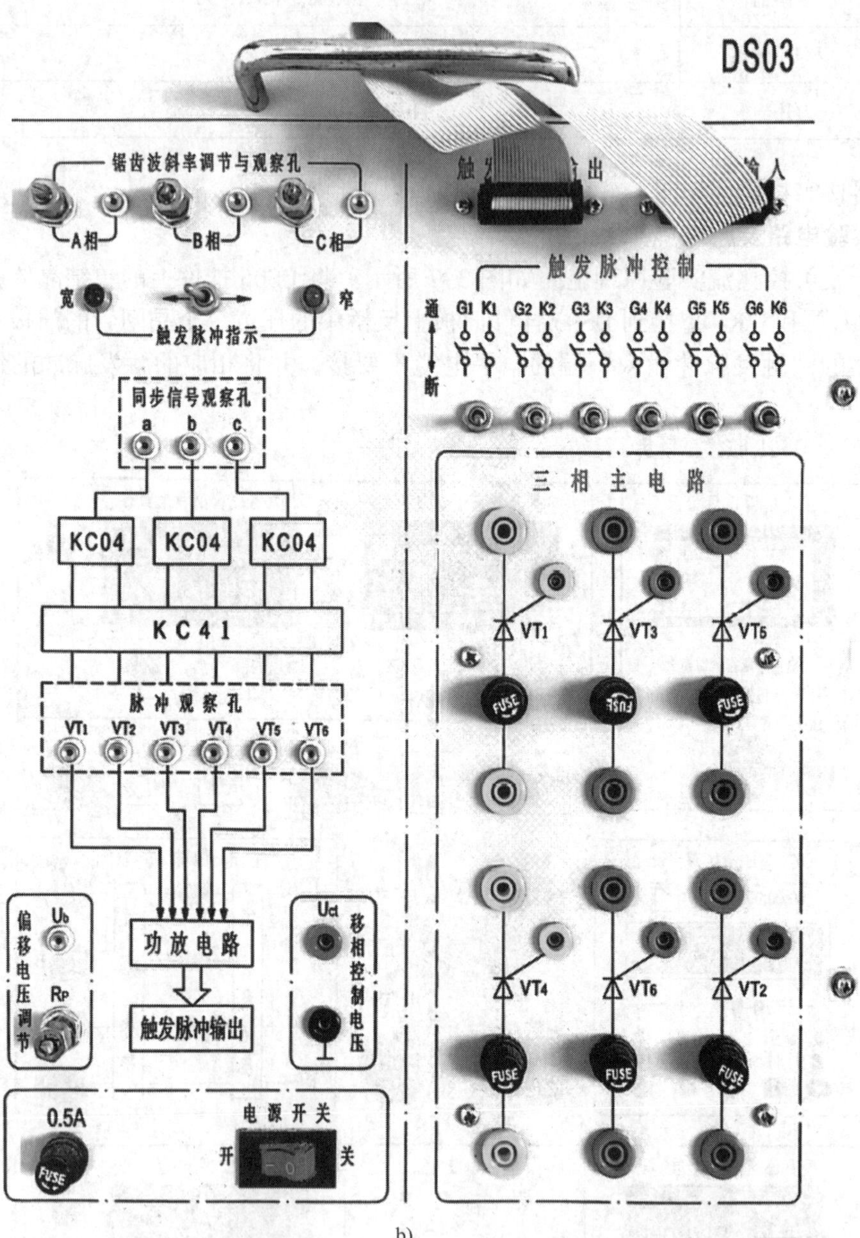

b)

DS05
单结晶体管触发电路
单相交流调压触发电路
正弦波同步触发电路
锯齿波同步触发电路 I
锯齿波电路 II
KC05
~60V
~30V
~7V
+15V
-15V
RP1
RP2
RP3
G
K
G1
K1
G2
K2
G3
K3
G4
K4
外接电源
~220V
0.5A
FUSE
开
电源开关

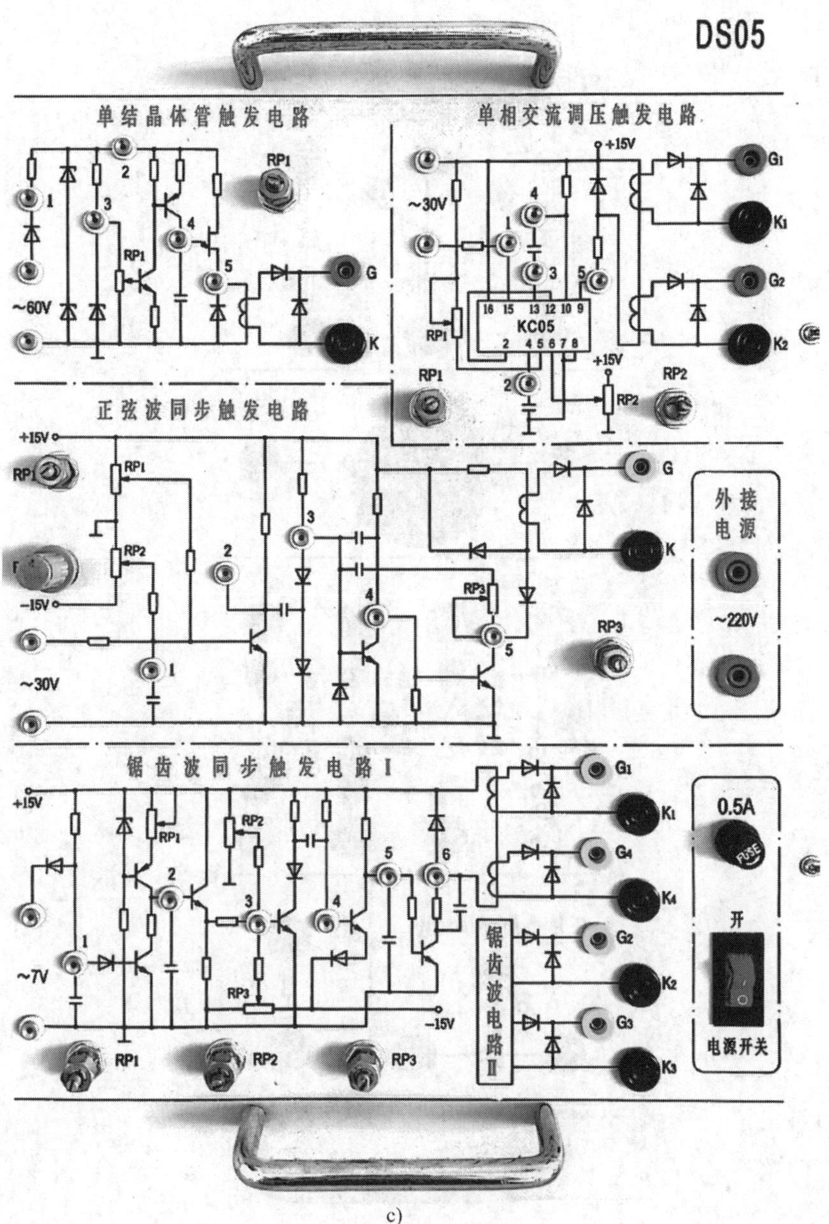

c)

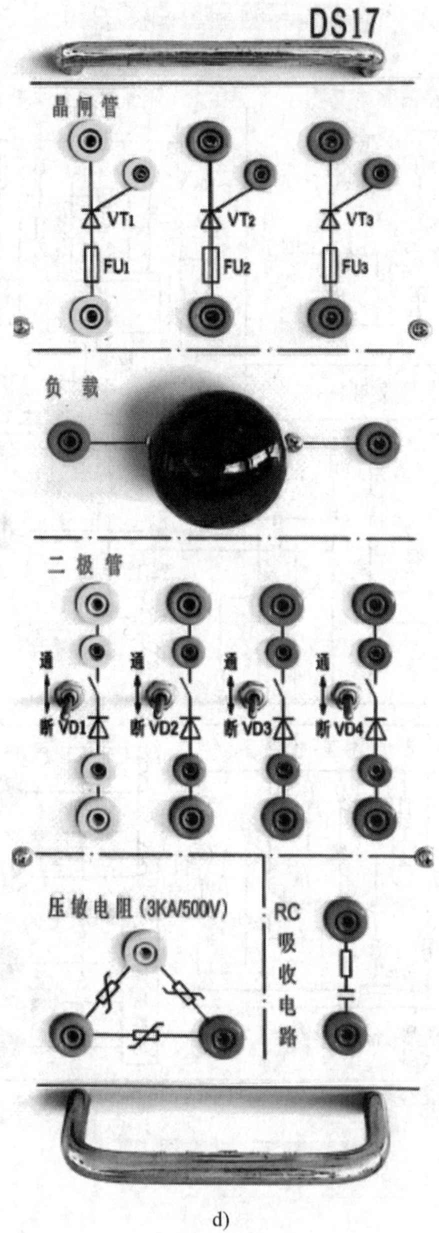

d）

图 3-6　实验器材实物挂件图

a）DS01　b）DS03　c）DS05　d）DS17

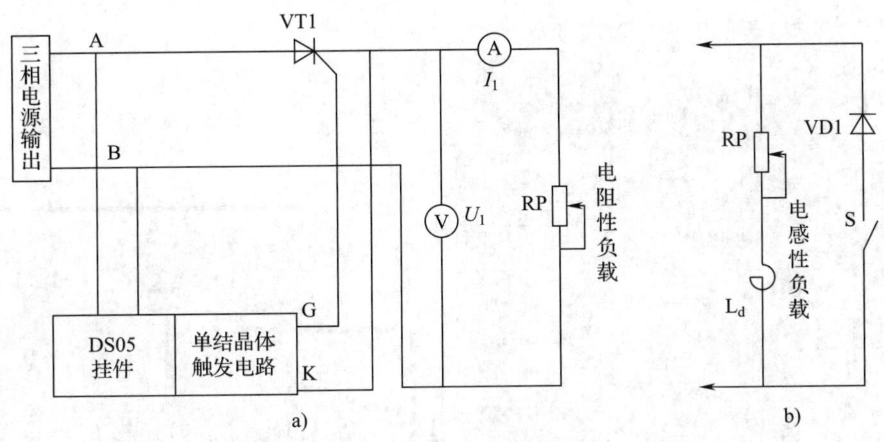

图 3-7　单相半波可控整流实验原理电路

a）电阻性负载　b）电感性负载

闭（防止误触发）；图中输出负载 RP 用两个 900 Ω 变阻器接成并联形式；二极管 VD1 和开关 S 均在 DS17 挂件上，电感 L_d 用电源控制屏面板 DS01 上的平波电抗器，有 100 mH、200 mH、700 mH 三挡可供选择，本实验中选用 700 mH；直流电压表、直流电流表从电源控制屏上获得。

四、实验内容及步骤

1. 单结晶体管触发电路调试

调节 DS01 电源控制屏的输出线电压为 220 V。用两根导线将 220 V 交流电接到 DS05 的“外接电源 ~ 220 V”端（将电源控制屏的“A”接到“外接电源 ~ 220 V”下端、“B”接到“外接电源 ~ 220 V”上端），按下 DS01 的“启动”按钮，打开 DS05 电源开关，用双踪示波器观察单结晶体管触发电路中整流输出的梯形波电压、锯齿波电压及单结晶体管触发电路输出电压等波形。调节移相电位器 RP1，观察锯齿波的周期变化及输出脉冲波形的移相范围是否为 30° ~ 170°。

2. 单相半波可控整流电路接电阻性负载测试

触发电路调试正常后，按图 3-8 把触发信号接入晶闸管的门极和阴极。主电路接可调电阻后，将阻值调至最大，按下“启动”按钮，用示波器观察负载电压 u_d 和晶闸管 VT1 两端电压 u_{VT} 的波形，调节电位器 RP1，观察 α=30°、60°、90°、120°、150° 时，u_d、u_{VT} 的波形变化，测量整流输出电压 U_d 和电源电压 U_2 的值，并将数据记录在表 3-3 中。

参考计算公式：$U_d=0.45U_2(1+\cos\alpha)/2$

3. 单相半波可控整流电路接电感性负载测试

将电阻性负载换成电感性负载（由电阻与平波电抗器串联），按图 3-9 接线。观察 α=30°、60°、90°、120°、150° 时，直流输出电压 u_d 及晶闸管两端电压 u_{VT} 的波形变化，测量整流输出电压 U_d 和电源电压 U_2 的值，并将数据记录在表 3-4 中。

参考计算公式：$U_d=0.45U_2(1+\cos\alpha)/2$

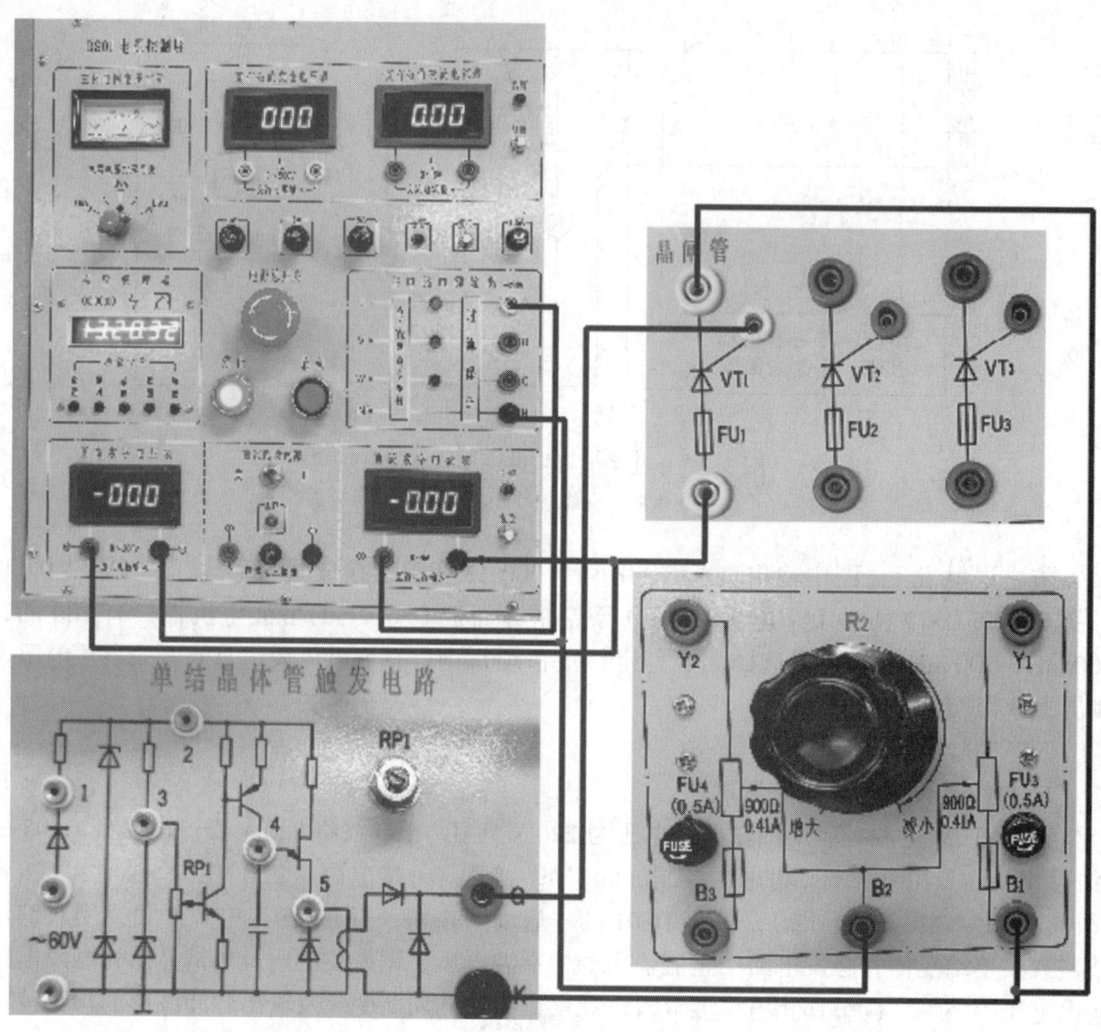

图 3-8　单相半波可控整流电路接电阻性负载的接线图

表 3-3　　　　　　　　　　数据记录表

α	30°	60°	90°	120°	150°
U_2/V					
U_d（记录值）/V					
U_d/U_2					
U_d（计算值）/V					

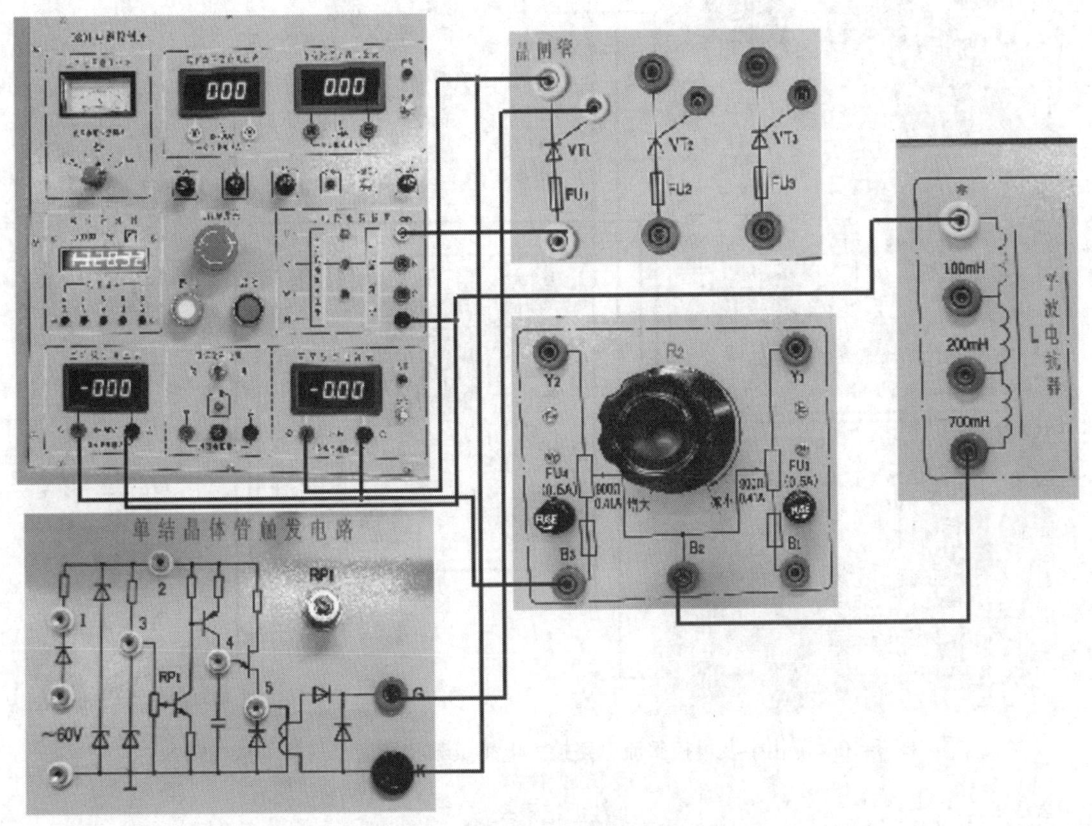

图 3-9　单相半波可控整流电路接电感性负载的接线图

表 3-4　　　　　　　　　　数据记录表

α	30°	60°	90°	120°	150°
U_2/V					
U_d（记录值）/V					
U_d/U_2					
U_d（计算值）/V					

4. 单相半波可控整流电路接大电感负载和续流二极管测试

按图 3-10 接入续流二极管 VD1，观察续流二极管的作用及其两端电压 u_{VD} 的波形变化。观察 α =30°、60°、90°、120°、150° 时，直流输出电压 u_d 及晶闸管两端电压 u_{VT} 的波形变化，测量整流输出电压 U_d 和电源电压 U_2 的值，并将数据记录在表 3-5 中。

参考计算公式：$U_d=0.45U_2(1+\cos\alpha)/2$

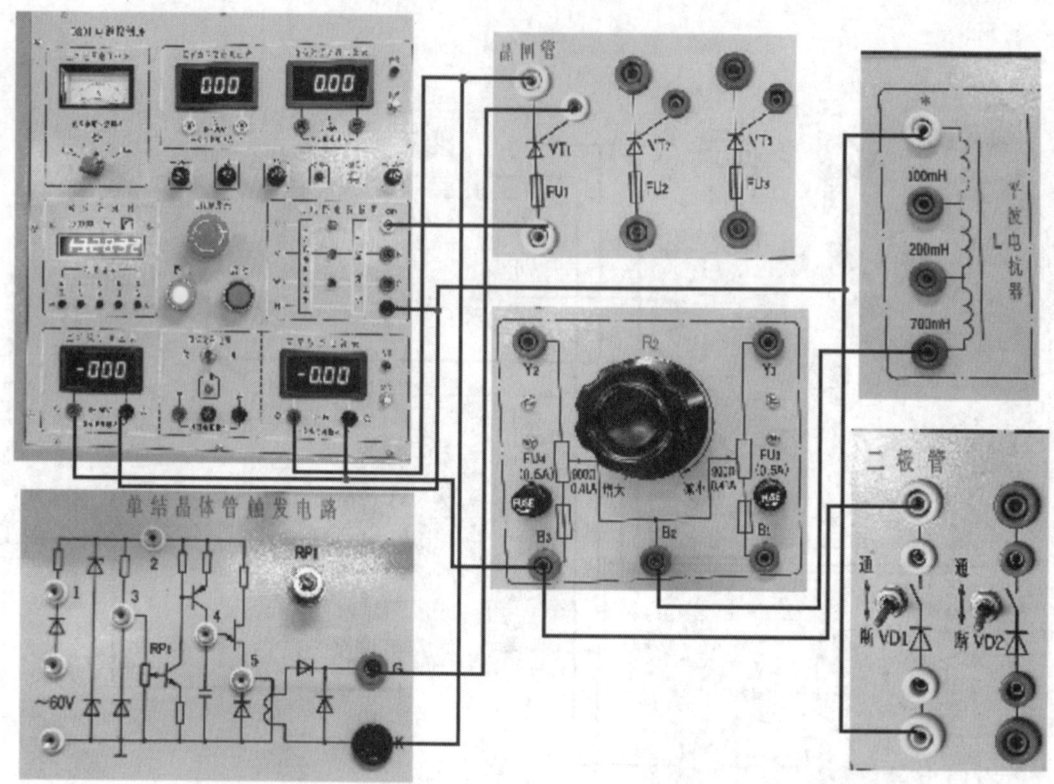

图 3-10　单相半波可控整流电路接大电感负载和续流二极管的接线图

表 3-5　　**数据记录表**

α	30°	60°	90°	120°	150°
U_2/V					
U_d（记录值）/V					
U_d/U_2					
U_d（计算值）/V					

1. 本实验中触发电路选用的是单结晶体管触发电路，也可用锯齿波同步移相触发电路来完成实验。

2. 为避免晶闸管意外损坏，实验时要注意以下几点：

（1）在主电路未接通时，首先要调试触发电路，触发电路工作正常后，再接通主电路。

（2）要选择合适的负载电阻和电感，避免过流。在无法确定的情况下，应尽可能选用大的电阻值。

（3）由于晶闸管持续工作时，需要有一定的维持电流，故要使晶闸管主电路可靠工作，其通过的电流不能太小，否则可能会造成晶闸管时断时续，工作不可靠。本实验装置中，要保证晶闸管正常工作，负载电流必须大于 50 mA。

3. 实验中要注意同步电压与触发相位的关系，例如，在单结晶体管触发电路中，触发脉冲产生的位置是在同步电压的正半周期，而在锯齿波触发电路中，触发脉冲产生的位置是在同步电压的负半周期，所以在主电路接线时应充分考虑到这个问题，否则实验就无法顺利完成。

4. 使用电抗器时要注意其通过的电流不要超过 1 A。

五、实验报告

1. 画出实验电路图和接线图。

2. 写出具体操作步骤。

3. 画出 α=30°、60°、90°、120°、150° 时，整流负载电压 u_d 和晶闸管两端电压 u_{VT} 的波形。

4. 总结电路调试时遇到的问题及相关解决办法。

思考与练习

1. 在图 3–7 中，若把 VT1 反向连接，输出有何影响?

2. 在电感性负载中，接入的电感量不同对电路输出有何影响?

§3–2　单相桥式全控整流电路

学习目标

1. 能够分析单相桥式全控整流电路的工作原理
2. 能够绘制并计算单相桥式全控整流电路的输出电压和电流
3. 能够通过计算电路参数合理选择元器件

一、单相桥式全控整流电路（电阻性负载）

1. 工作原理

接电阻性负载的单相桥式全控整流电路如图 3–11a 所示，负载电阻是纯电阻 R_d。当交

流电压 u_2 进入正半周期，a 端电位高于 b 端电位，两只晶闸管 VT1、VT4 同时承受正向电压，如果此时门极无触发信号 u_g，则两只晶闸管仍处于正向阻断状态，其等效电阻远远大于负载电阻 R_d，电源电压 u_2 将几乎全部加在 VT1 和 VT4 上，$u_{VT1} \approx u_{VT4}=\frac{1}{2}u_2$，负载上电压 u_d=0。

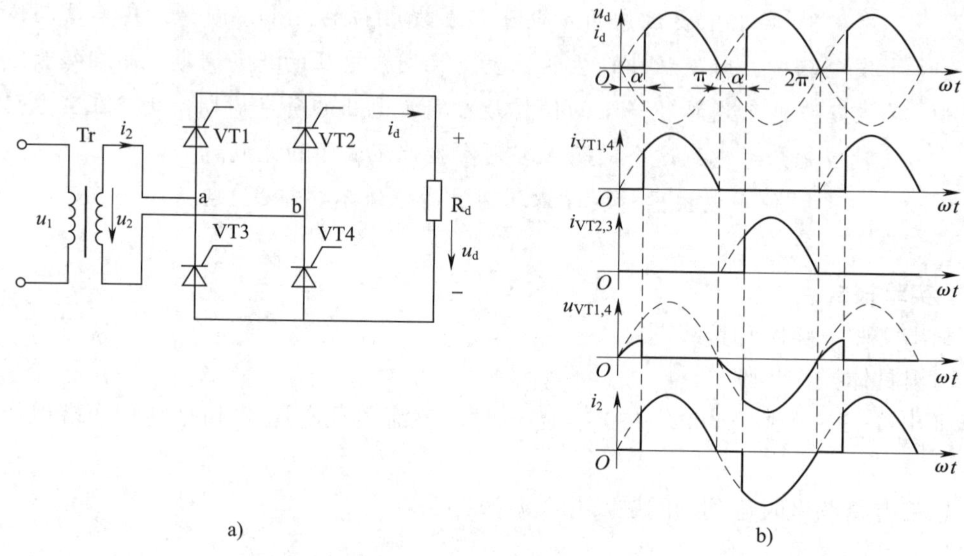

图 3–11　接电阻性负载的单相桥式全控整流电路及其工作波形

在 $\omega t=\alpha$ 时刻，给 VT1 和 VT4 同时加触发脉冲，两只晶闸管立即触发导通，电源电压 u_2 将通过 VT1 和 VT4 加载在负载电阻 R_d 上；在 u_2 的负半周期，VT2、VT3 同时承受正向电压，在 $\omega t=\pi+\alpha$ 时刻，同时给 VT2 和 VT3 加触发脉冲使其导通，电流经 VT2 → R_d → VT3 → Tr 二次侧形成回路。在负载 R_d 两端获得与 u_2 正半周期相同波形的整流电压和电流，在这期间 VT1 和 VT4 均承受反向电压而处于阻断状态。

当 u_2 由负半周期过零变正时，VT2、VT3 因电流过零而关断。在此期间 VT1 和 VT4 因承受反向电压而截止，u_d、i_d 又降为零。一个周期过后，VT1 和 VT4 在 $\omega t=2\pi+\alpha$ 时刻又被触发导通。如此循环下去。很明显，上述两组触发脉冲在相位上相差 180°，这就形成了图 3–11b 所示的单相桥式全控整流电路输出电压、输出电流和晶闸管上承受电压的波形图。

由以上工作原理可知，在交流电源 u_2 的正、负半周，VT1、VT4 和 VT2、VT3 两组晶闸管轮流触发导通，将交流电变成脉动的直流电。改变触发脉冲出现的时刻，即改变 α 的大小，u_d、i_d 的波形和平均值随之改变。表 3–6 为带电阻性负载的单相桥式全控整流电路输出电压和晶闸管电压实测波形。

2. 参数计算

（1）整流输出电压的平均值 U_d

$$U_d = 0.9U_2\frac{1+\cos\alpha}{2} \tag{3–15}$$

表 3–6　　带电阻性负载的单相桥式全控整流电路输出电压和晶闸管电压实测波形

α	u_d 实测波形	u_{VT} 实测波形
30°		
60°		
90°		
120°		
150°		

即 α=180° 时，U_d=0 为最小值，α=0° 时，U_d=0.92U_2 为最大值，所以单相桥式全控整流电路带电阻性负载时，α 的移相范围是 0° ~ 180°。

（2）整流输出电压的有效值 U

$$U = U_2\sqrt{\frac{\sin2\alpha}{2\pi}+\frac{\pi-\alpha}{\pi}} \tag{3-16}$$

（3）输出电流的平均值 I_d 和有效值 I

$$I_d = \frac{U_d}{R_d} = 0.9\frac{U_2}{R_d}\frac{1+\cos\alpha}{2} \tag{3-17}$$

$$I = \frac{U}{R_d} = \frac{U_2}{R_d}\sqrt{\frac{\sin2\alpha}{2\pi}+\frac{\pi-\alpha}{\pi}} \tag{3-18}$$

（4）流过每个晶闸管的平均电流为输出电流平均值的一半，即

$$I_{dT} = \frac{1}{2}I_d = 0.45\frac{U_2}{R_d}\frac{1+\cos\alpha}{2} \tag{3-19}$$

（5）流过每个晶闸管的电流有效值 I_T

$$I_T = \frac{U_2}{\sqrt{2}R_d}\sqrt{\frac{\sin2\alpha}{2\pi}+\frac{\pi-\alpha}{\pi}} = \frac{I}{\sqrt{2}} \tag{3-20}$$

（6）每个晶闸管承受的最大正向电压和最大反向电压分别为 $\frac{\sqrt{2}}{2}U_2$ 和 $\sqrt{2}U_2$。

（7）在一个周期内，电源通过变压器 Tr 两次向负载提供能量，因此负载电流有效值 I 与变压器二次侧电流有效值 I_2 相同。那么电路的功率因数可以按式（3–21）计算。

$$\cos\varphi = \frac{P}{S} = \frac{UI}{U_2I} = \frac{U}{U_2} = \sqrt{\frac{\sin2\alpha}{2\pi}+\frac{\pi-\alpha}{\pi}} \tag{3-21}$$

通过上述数量关系分析，单相桥式全控整流电路和半波可控整流电路接电阻性负载时，可作如下比较（U_2 相等），见表 3–7。

表 3–7　单相半波可控整流电路与单相桥式全控整流电路的比较

比较项目	单相半波可控整流	单相桥式全控整流
α 的范围	0° ~ 180°	0° ~ 180°
U_d	$0.45U_2\frac{1+\cos\alpha}{2}$	$0.9U_2\frac{1+\cos\alpha}{2}$
有效值 U	$U_2\sqrt{\frac{\sin2\alpha}{4\pi}+\frac{\pi-\alpha}{2\pi}}$	$U_2\sqrt{\frac{\sin2\alpha}{2\pi}+\frac{\pi-\alpha}{\pi}}$
U_{RM}	$\sqrt{2}U_2$	$\sqrt{2}U_2$
$\cos\varphi$	$\sqrt{\frac{\sin2\alpha}{4\pi}+\frac{\pi-\alpha}{2\pi}}$	$\sqrt{\frac{\sin2\alpha}{2\pi}+\frac{\pi-\alpha}{\pi}}$

【例 3–2】 用单相桥式全控整流电路给电阻性负载供电，要求整流输出电压 U_d 能在 0 ~ 100 V 内连续可调，负载最大电流为 20 A。

①由 220 V 交流电网直接供电时，计算晶闸管控制角 α 的变化范围和 U_d=100 V 时负载

电流的有效值、电源容量 S 以及 U_d=30 V 时电源的功率因数 $\cos\varphi$。

②采用降压变压器供电，并考虑最小控制角 α_{min}=30° 时，求变压器变压比 K 及 U_d=30 V 时电源的功率因数 $\cos\varphi$。

解：①当 U_d=100 V 时，由 $U_d=0.9U_2\dfrac{1+\cos\alpha}{2}$，可得

$$\cos\alpha=\frac{2U_d}{0.9U_2}-1=\frac{2\times100\ \text{V}}{0.9\times220\ \text{V}}-1\approx0.010\ 1$$

$$\alpha\approx89.4°$$

当 U_d=0 时，α=180°，所以控制角在 89.4° ~ 180° 内变化。

负载电流有效值

$$I=\frac{U_2}{R_d}\sqrt{\frac{1}{2\pi}\sin2\alpha+\frac{\pi-\alpha}{\pi}}$$

其中，

$$R_d=\frac{U_{dmax}}{I_{dmax}}=\frac{100\ \text{V}}{20\ \text{A}}=5\ \Omega$$

当 α=89.4° =1.56 rad 时，$I=\dfrac{220\ \text{V}}{5}\sqrt{\dfrac{1}{2\pi}\sin(2\times89.4°)+\dfrac{\pi-1.56}{\pi}}\approx31\ \text{A}$

流过晶闸管的电流有效值

$$I_T=\frac{I}{\sqrt{2}}=\frac{31\ \text{A}}{\sqrt{2}}\approx22\ \text{A}$$

电源容量

$$S=U_2I=220\ \text{V}\times31\ \text{A}=6\ 820\ \text{VA}$$

当 U_d=30 V 时，α=134.2° =2.34 rad，此时电源的功率因数

$$\cos\varphi=\sqrt{\frac{\sin2\alpha}{2\pi}+\frac{\pi-\alpha}{\pi}}=\sqrt{\frac{\sin(2\times134.2°)}{2\pi}+\frac{\pi-2.34}{\pi}}\approx0.31$$

②当采用降压变压器，U_1=220 V，α_{min}=30° 时，U_{dmax}=100 V

所以，变压器二次侧电压

$$U_2=\frac{U_d}{0.45(1+\cos\alpha)}=\frac{100\ \text{V}}{0.45\times(1+\cos30°)}\approx119\ \text{V}$$

变比

$$K=\frac{U_1}{U_2}=\frac{220\ \text{V}}{119\ \text{V}}\approx1.85$$

当 U_d=30 V 时，α=116° =2.02 rad，此时电源的功率因数

$$\cos\varphi=\sqrt{\frac{\sin2\alpha}{2\pi}+\frac{\pi-\alpha}{\pi}}=\sqrt{\frac{\sin(2\times116°)}{2\pi}+\frac{\pi-2.02}{\pi}}\approx0.48$$

由此可见，在计算晶闸管、变压器电流时应计算最大值。整流变压器不仅能使整流电路与交流电网隔离，还可以通过合理选择 U_2，提高电源功率因数、降低晶闸管所承受电压的最大值和减小电源容量。

二、单相桥式全控整流电路（电感性负载）

接电感性负载的单相桥式全控整流电路如图 3-12a 所示。

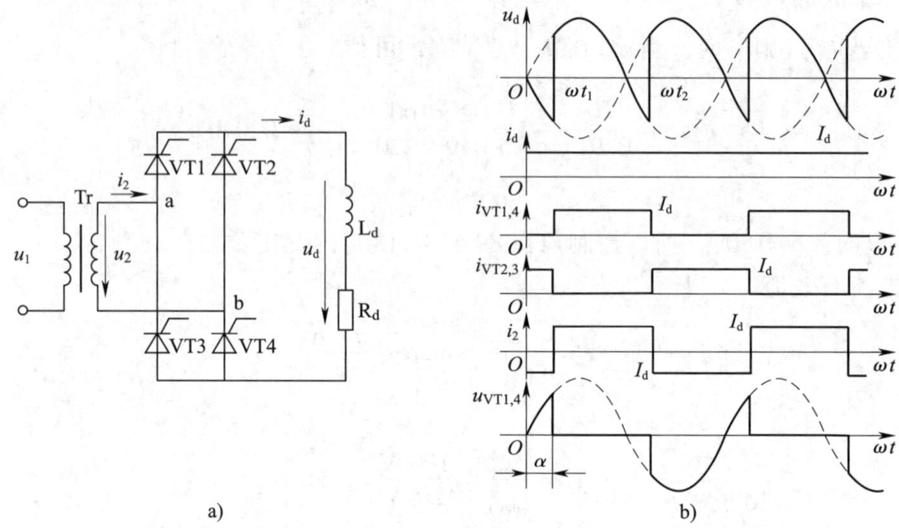

图 3-12　接电感性负载的单相桥式全控整流电路及其工作波形

1. 工作原理

在电源电压 u_2 正半周期，VT1、VT4 承受正向电压，若在 $\omega t=\alpha$ 时刻触发 VT1、VT4 导通，电流经 VT1 →负载→ VT4 → Tr 二次侧形成回路，但由于大电感负载（$\omega L_d \gg R_d$）的存在，u_2 过零变负时，电感上的感应电动势使 VT1、VT4 继续导通，直到 VT2、VT3 被触发导通时，VT1、VT4 承受反向电压而关断。输出电压的波形出现了负值部分，如图 3-12b 所示。

在电源电压 u_2 负半周期，晶闸管 VT2、VT3 受正向电压，在 $\omega t=\pi+\alpha$ 时刻触发 VT2、VT3 导通，VT1、VT4 受反向电压而关断，负载电流从 VT1、VT4 中换流至 VT2、VT3 中；在 $\omega t=2\pi$ 时刻，电压 u_2 过零，VT2、VT3 因电感中的感应电动势而继续导通，直到下个周期 VT1、VT4 导通时，VT2、VT3 加上反向电压才关断。

值得注意的是，只有当 $\alpha \leqslant \frac{\pi}{2}$时，负载电流 i_d 才连续；当 $\alpha > \frac{\pi}{2}$时，负载电流不连续，而且输出电压的平均值均接近于零，因此这种电路控制角的范围是 0° ~ 90° 。

2. 参数计算

（1）在电流连续的情况下整流输出电压的平均值 U_d

$$U_d=\frac{2\sqrt{2}}{\pi}U_2\cos\alpha=0.9U_2\cos\alpha\ (0° \leqslant \alpha \leqslant 90°) \tag{3-22}$$

（2）整流输出电压有效值 U

$$U=U_2 \tag{3-23}$$

（3）晶闸管承受的最大正反向电压均为$\sqrt{2}U_2$。

（4）在一个周期内每组晶闸管各导通 180° ，两组轮流导通，变压器二次电流 i_2 是正负对称的方波，电流 i_2 的平均值 I_d 和有效值 I 相等。

（5）在电流连续情况下，晶闸管电流的平均值 I_{dT} 和有效值 I_T

$$I_{dT}=\frac{\theta_T}{2\pi}I_d=\frac{\pi}{2\pi}I_d=\frac{1}{2}I_d \tag{3-24}$$

$$I_T=\sqrt{\frac{\theta_T}{2\pi}}I_d=\sqrt{\frac{\pi}{2\pi}}I_d=\frac{1}{\sqrt{2}}I_d \tag{3-25}$$

【例 3–3】 接大电感（$\omega L\gg R$）负载的单相桥式全控整流电路如图 3–12a 所示，已知电感足够大，电阻 R_d=10 Ω，若要求 U_d 在 0 ~ 200 V 内连续可调，且 α_{min}=30°，在不接续流二极管和接续流二极管两种情况下，试选择晶闸管的型号。

解：整流输出电流的最大平均值

$$I_d=\frac{U_d}{R_d}=\frac{200\ \text{V}}{10\ \Omega}=20\ \text{A}$$

①不接续流二极管时

$$I_T=\frac{1}{\sqrt{2}}I_d=\frac{1}{\sqrt{2}}\times 20\ \text{A}\approx 14.1\ \text{A},\ U_2=\frac{U_d}{0.9\cos 30^\circ}=\frac{200\ \text{V}}{0.9\times\cos 30^\circ}\approx 256.6\ \text{V}$$

所以晶闸管的额定电流

$$I_{T(AV)}=(1.5\sim 2)\frac{I_T}{1.11}\approx 19\sim 25\ \text{A}$$

按晶闸管的额定电流参数系列可选 20 A；

由于 $U_{RM}=\sqrt{2}U_2=\sqrt{2}\times 256.6\ \text{V}\approx 363\ \text{V}$，额定电压

$$U_{Tn}=(2\sim 3)U_{RM}=726\sim 1\,089\ \text{V}$$

按晶闸管的额定电压参数系列可选 1 000 V，即 10 级，故选晶闸管型号为 KP20—10。

②接续流二极管时

$$I_T=\sqrt{\frac{\pi-\alpha}{2\pi}}I_d=\sqrt{\frac{\pi-0.523}{2\pi}}\times 20\ \text{A}\approx 12.9\ \text{A}$$

由 $U_d=0.9U_2\dfrac{1+\cos\alpha}{2}$ 得 $U_2=\dfrac{2U_d}{0.9(1+\cos\alpha)}=\dfrac{2\times 200\ \text{V}}{0.9\times(1+\cos 30^\circ)}\approx 238\ \text{V}$

所以晶闸管的额定电流

$$I_{T(AV)}=(1.5\sim 2)\frac{I_T}{1.11}=(1.5\sim 2)\times\frac{12.9\ \text{A}}{1.11}\approx 17\sim 23\ \text{A}$$

按晶闸管的额定电流参数系列可选 20 A；

由于 $U_{RM}=\sqrt{2}U_2=\sqrt{2}\times 238\ \text{V}\approx 336.5\ \text{V}$，可得额定电压

$$U_{Tn}=(2\sim 3)U_{RM}=(2\sim 3)\times 336.5\ \text{V}=673\sim 1\,009.5\ \text{V}$$

按晶闸管的额定电压参数系列可选 1 000 V，即 10 级，故选晶闸管型号为 KP20—10。

三、单相桥式全控整流电路（反电动势负载）

被充电的蓄电池、电容器、运行的直流电动机电枢（电枢旋转时产生感应电动势 E）等，这些既是负载也是直流电源，对于可控整流电路来说，它们属于反电动势负载，如图 3–13 所示，当电源电压 u_2 小于反电动势 E 时，晶闸管因承受反向电压而不能导通，只有当 $u_2>E$ 时，晶闸管承受正向电压，再加以触发脉冲，才会导通，此时 $u_d=u_2$，$i_d=\dfrac{u_d-E}{R}$，当

u_2 下降至 E 时晶闸管又关断，此后 $u_d=E$，与电阻负载相比，相当于自然换流点后移了 δ 角，晶闸管提前了 δ 角停止导电，其值为

$$\delta=\arcsin\frac{E}{\sqrt{2}U_2}$$

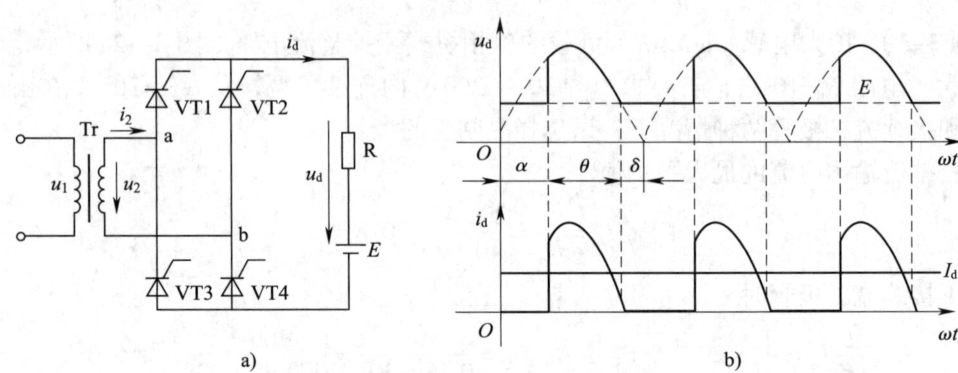

图 3–13　接反电动势负载的单相桥式全控整流电路及其工作波形

当 $\alpha<\delta$ 时，若触发脉冲到来，晶闸管因承受反向电压不可能导通。为了使晶闸管可靠导通，要求触发脉冲有足够的宽度，保证在 $\omega t=\delta$ 时刻晶闸管开始承受电压时，触发脉冲仍然存在，这样就要求触发角 $\alpha\geqslant\delta$。

实验与实训 6　单相桥式全控整流电路实验

一、实验目的

1. 掌握单相桥式全控整流电路的工作原理。
2. 通过调试单相桥式全控整流电路，熟悉电路整流过程。
3. 学会分析单相桥式全控整流电路接电阻性负载和接电感性负载的工作情况。

二、实验器材

实验所需器材明细见表 3–8。

表 3–8　　实验器材明细

序号	名称	型号	备注
1	电源控制屏	DS01	包含“三相电源输出”和“励磁电源”等模块
2	三相整流桥	DS03	包含晶闸管及电感等模块
3	晶闸管触发电路	DS05	包含单结晶体管触发电路等模块

续表

序号	名称	型号	备注
4	晶闸管、二极管	DS17	包含二极管及开关等模块
5	变阻器		1.5 A，90 Ω；0.5 A，900 Ω
6	双踪示波器		自备
7	万用表		自备

三、实验电路及原理

单相桥式全控整流实验原理电路如图 3–14 所示。两组锯齿波同步移相触发电路均在 DS05 挂件上，它们由同一个同步变压器保持与输入电压同步；锯齿波触发脉冲 G1、K1 加到 VT1 的门极和阴极，锯齿波触发脉冲 G4、K4 加到 VT4 的门极和阴极，锯齿波触发脉冲 G2、K2 加到 VT2 的门极和阴极，锯齿波触发脉冲 G3、K3 加到 VT3 的门极和阴极；晶闸管主电路“触发脉冲输入”端的扁平电缆不要接，将相应的触发脉冲的钮子开关关闭（防止误触发）；图中输出负载 RP 用电源控制屏三相可调电阻器，将两个 900 Ω 变阻器接成并联形式；电感 L_d 选电源控制屏面板上 700 mH 的平波电抗器，直流电压表、直流电流表均在电源控制屏面板上；触发电路采用 DS05 组件挂箱上的锯齿波同步移相触发电路“Ⅰ”和“Ⅱ”。

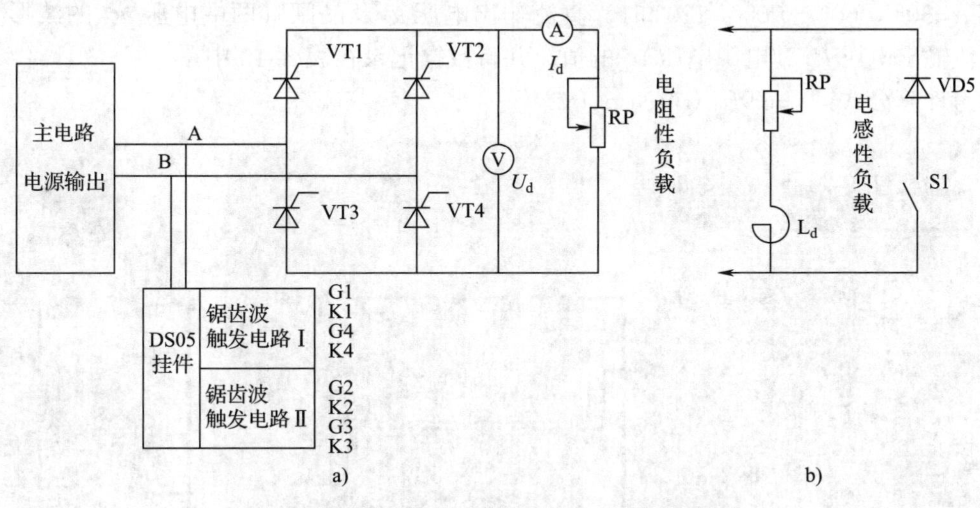

图 3–14　单相桥式全控整流实验原理电路

a）电阻性负载　b）电感性负载

四、实验内容及步骤

1. 触发电路调试

调节 DS01 电源控制屏的输出线电压为 220 V。用两根导线将 220 V 交流电接到 DS05 的“外接电源 ~ 220 V”端（将电源控制屏的“A”接到“外接电源 ~ 220 V”下端、“B”接到“外接电源 ~ 220 V”上端），按下“启动”按钮，打开 DS05 电源开关，用示波器观察锯齿波同步触发电路各观察孔的电压波形。

将控制电压 U 调至零（将电位器 RP2 顺时针旋到底），观察同步电压信号和“6”点 u_6

的波形，调节偏移电压 U_b（调节电位器 RP3），使 α=180°。

将锯齿波触发电路的输出脉冲端分别接至全控桥中相应晶闸管的门极和阴极，注意不要把相序接反，否则无法进行整流。将 DS03 上的正桥和反桥触发脉冲开关都打到“断”的位置，并使 U_{1f} 和 U_{1r} 悬空，确保晶闸管不被误触发。

G1、K1 对应 VT1，G4、K4 对应 VT4，G2、K2 对应 VT2，G3、K3 对应 VT3，不要接反，否则无法进行整流实验。

2. 单相桥式全控整流电路接电阻性负载测试

按图 3–15 接线，主电路接可调电阻后，将阻值调至最大，按下“启动”按钮，保持 U_b 偏移电压不变（RP3 固定），逐渐增加 U_{ct}（调节 RP2），在 α=30°、60°、90°、120°、150° 时，用示波器观察整流电压 u_d 和晶闸管两端电压 u_{VT} 的波形变化，测量整流输出电压 U_d 和电源电压 U_2 的值，并将数据记录在表 3–9 中。

参考计算公式：$U_d=0.9U_2(1+\cos\alpha)/2$

3. 单相桥式全控整流电路接电感性负载测试

将电阻性负载换成电感性负载（由电阻与平波电抗器串联），按图 3–16 接线。用示波器观察 α=30°、60°、90°、120° 时，直流输出电压 u_d 及晶闸管两端电压 u_{VT} 的波形变化，测量整流输出电压 U_d 和电源电压 U_2 的值，并将数据记录在表 3–10 中。

参考计算公式：$U_d=0.9U_2(1+\cos\alpha)/2$

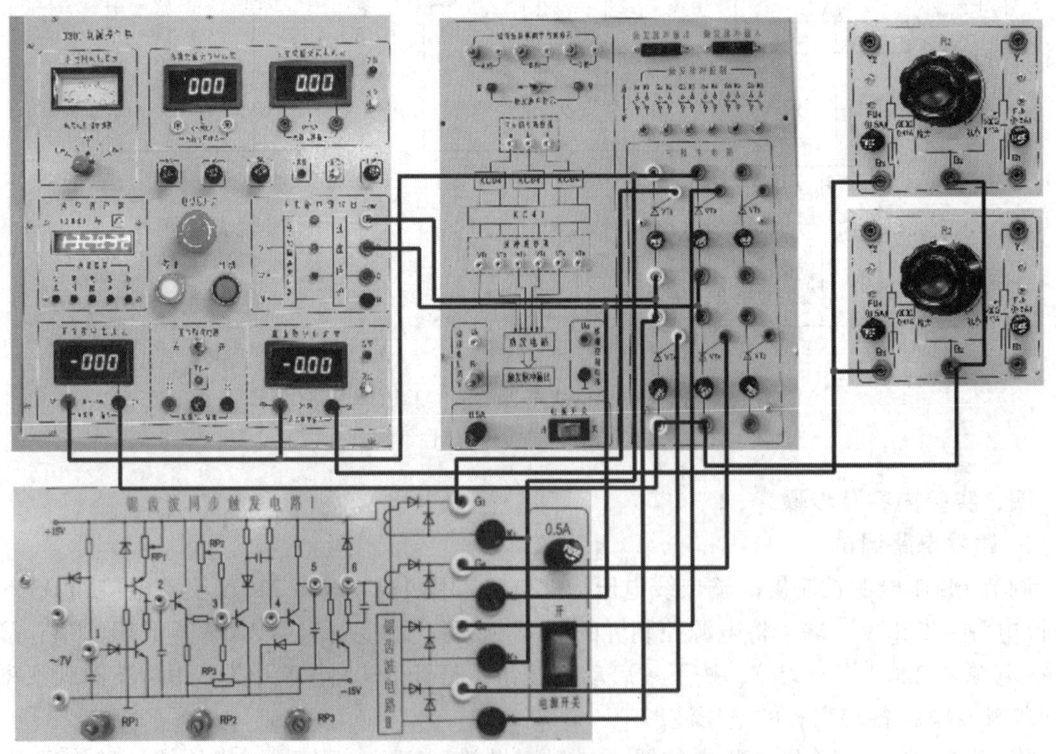

图 3–15　单相桥式全控整流电路接电阻性负载的接线图

表 3-9　　数据记录中

α	30°	60°	90°	120°	150°
U_2/V					
U_d（记录值）/V					
U_d/U_2					
U_d（计算值）/V					

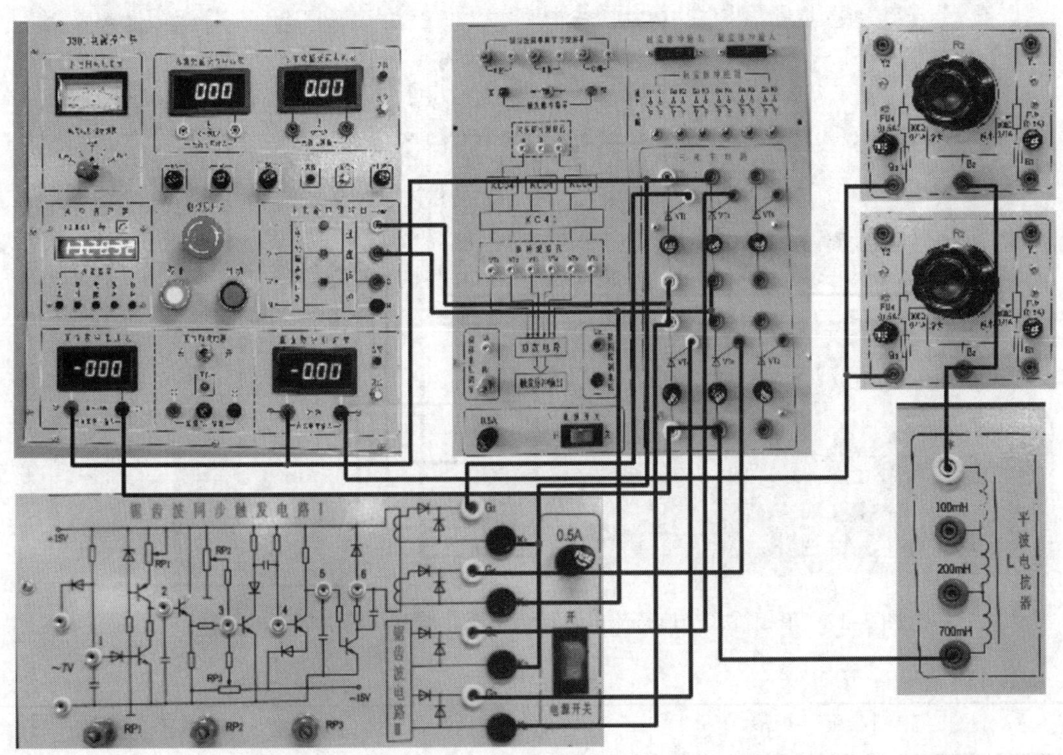

图 3-16　单相桥式全控整流电路接电感性负载的接线图

表 3-10　　数据记录表

α	30°	60°	90°	120°
U_2/V				
U_d（记录值）/V				
U_d/U_2				
U_d（计算值）/V				

4. 单相桥式全控整流电路接大电感负载和续流二极管测试

按图 3–17 接入续流二极管 VD1，观察续流二极管的作用及其两端电压 u_{VD} 的波形变化。观察 α=30°、60°、90°、120° 时，直流输出电压 u_d 及晶闸管两端电压 u_{VT} 的波形变化，测量整流输出电压 U_d 和电源电压 U_2 的值，并将数据记录在表 3–11 中。

参考计算公式：$U_d=0.9U_2(1+\cos\alpha)/2$

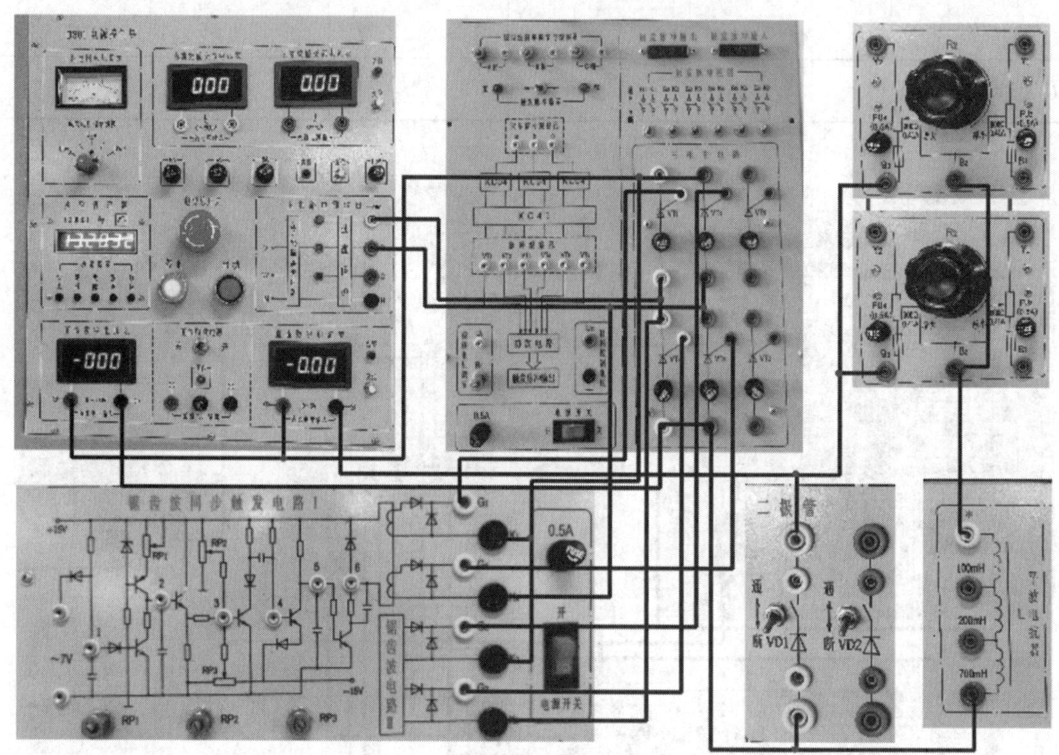

图 3–17　单相桥式全控整流电路接大电感负载和续流二极管的接线图

表 3–11　　　　数据记录表

α	30°	60°	90°	120°
U_2/V				
U_d（记录值）/V				
U_d/U_2				
U_d（计算值）/V				

五、实验报告

1. 画出电路图和接线图。
2. 写出具体操作步骤。
3. 画出 α=30°、60°、90°、120° 时的整流负载电压 u_d 和晶闸管两端电压 u_{VT} 的波形。
4. 总结电路调试时遇到的问题及相关解决办法。

提示

1. 触发脉冲从外部输入到 DS03 面板上晶闸管的门极和阴极，此时应将所用晶闸管对应的正桥触发脉冲或反桥触发脉冲的开关拨向“断”的位置，并将 U_{lr} 和 U_{lf} 悬空，避免误触发。

2. 为了保证整流过程不发生过流，其回路负载电阻 RP 应取比较大的值，但也要考虑晶闸管的维持电流，保证可靠导通。

3. 晶闸管主电路“触发脉冲输入”端的扁平电缆不要接，防止误触发。

思考与练习

单相桥式全控整流电路与单相半波可控整流电路的区别是什么？

§3-3　单相桥式半控整流电路

学习目标

1. 能够分析单相桥式半控整流电路的工作原理
2. 能够绘制并计算单相桥式半控整流电路的输出电压和电流
3. 能够通过计算电路参数合理选择元器件

在图 3-11 所示单相桥式全控整流电路中，每个导电回路中都有 2 只晶闸管，要控制每个导电回路，其实只需一只晶闸管就可以了，另一只晶闸管可以用二极管代替，从而简化电路，如此便成为单相桥式半控整流电路（暂不考虑 VD3），如图 3-18a 所示。

单相桥式半控整流电路与全控整流电路接电阻性负载时工作情况相同，但接电感性负载时工作情况却不同。

假设图 3-18a 所示单相桥式半控整流电路所带负载中电感很大，且电路已工作于稳态。若电路没有续流二极管 VD3，在 u_2 正半周期触发角 α 时刻，给晶闸管 VT1 加触发脉冲，u_2 经 VT1 和 VD4 向负载供电，u_2 过零变负时，因电感作用电流连续，VT1 继续导通，但由于 a 点电位低于 b 点电位，使得电流从 VD4 转移至 VD2，VD4 关断，电流不再流经变压器二次绕组，而是由 VT1 和 VD2 续流；在 u_2 负半周期触发角 α 时刻，触发 VT3 导通，则 VT1 受反向电压关断，u_2 经 VT3 和 VD2 向负载供电，u_2 过零变正时，VD4 导通，VD2 关断，VT3 和 VD4 续流。这就是自然续流现象，输出电压不可控。

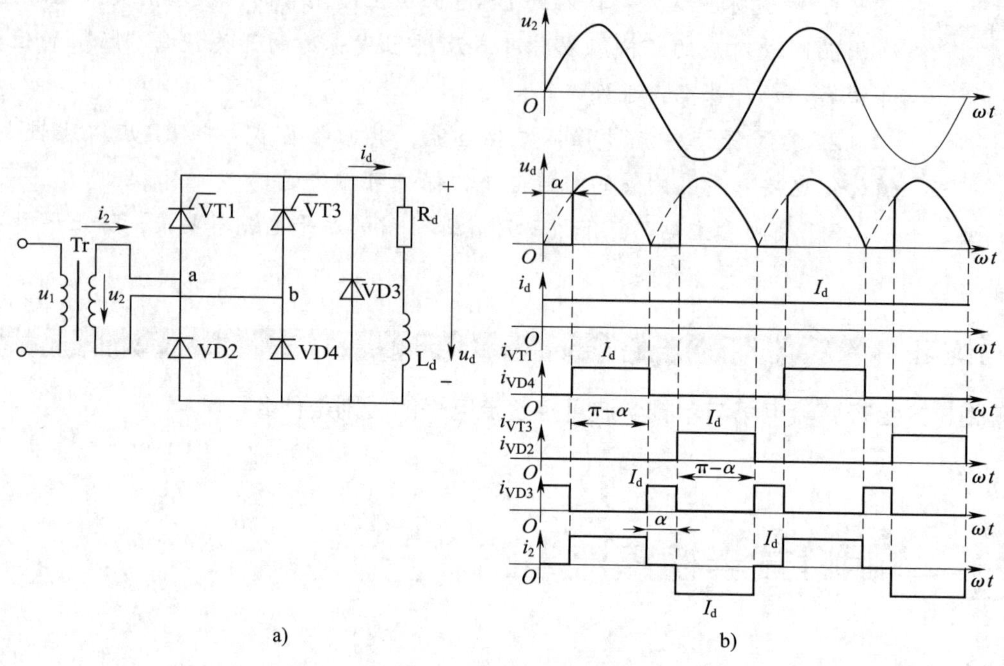

图 3–18　单相桥式半控整流电路（接大电感负载和续流二极管）及工作波形

此外，若无续流二极管，当 α 突然增大至 180° 或触发脉冲丢失时，会发生一只晶闸管持续导通、两只二极管轮流导通的情况，这将使得维持导通的晶闸管两端的电压波形为一条直线，而不导通的晶闸管两端电压波形为 u_2 正弦半波，此现象称为失控。为了避免失控，所以才在负载两端并接一只续流二极管 VD3，续流过程由 VD3 完成。有续流二极管时，电路中部分电量的工作波形如图 3–18b 所示。

单相桥式半控整流电路的另一种接法如图 3–19 所示，此种接法可省去续流二极管 VD3，续流由 VD2 和 VD4 实现。

优点：线路简单、调整方便，器件损耗比单相桥式全控整流电路小。

缺点：输出电压脉冲大，接电阻性负载时负载电流脉冲大，且整流变压器二次绕组中存在直流分量，使铁芯磁化，变压器不能得到充分利用。

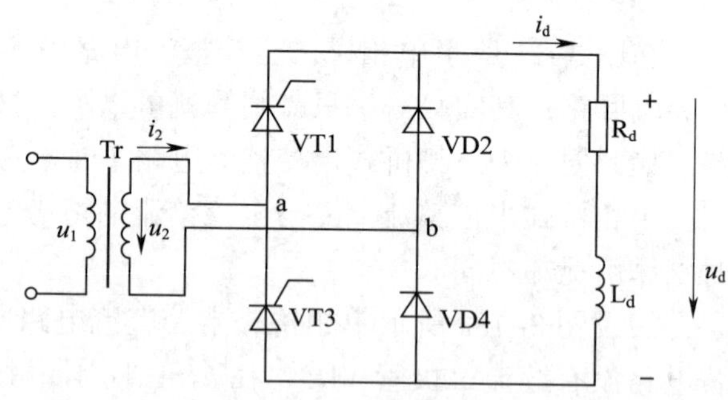

图 3–19　不带续流二极管的单相桥式半控整流电路

思考与练习

单相桥式半控整流电路与单相桥式全控整流电路有哪些相同点和不同点?

实验与实训 7　单相桥式半控整流电路实验

一、实验目的

1. 掌握单相桥式半控整流电路的工作原理。
2. 通过调试单相桥式半控整流电路，熟悉电路整流过程。
3. 学会分析单相桥式半控整流电路接电阻性负载和接电感性负载的工作情况。

二、实验器材

实验所需器材明细见表 3–12。

表 3–12　实验器材明细

序号	名称	型号	备注
1	电源控制屏	DS01	包含“三相电源输出”“励磁电源”等模块
2	三相整流桥	DS03	包含晶闸管及电感等模块
3	晶闸管触发电路	DS05	包含单结晶体管触发电路模块
4	晶闸管、二极管	DS17	包含二极管及开关等模块
5	变阻器		串联形式：0.65 A，2 kΩ 并联形式：1.3 A，500 Ω
6	双踪示波器		自备
7	万用表		自备

三、实验电路及原理

单相桥式半控整流实验原理电路如图 3–20 所示。两组锯齿波同步移相触发电路均在 DS05 挂件上，它们由同一个同步变压器保持与输入电压同步；锯齿波触发脉冲 G1、K1

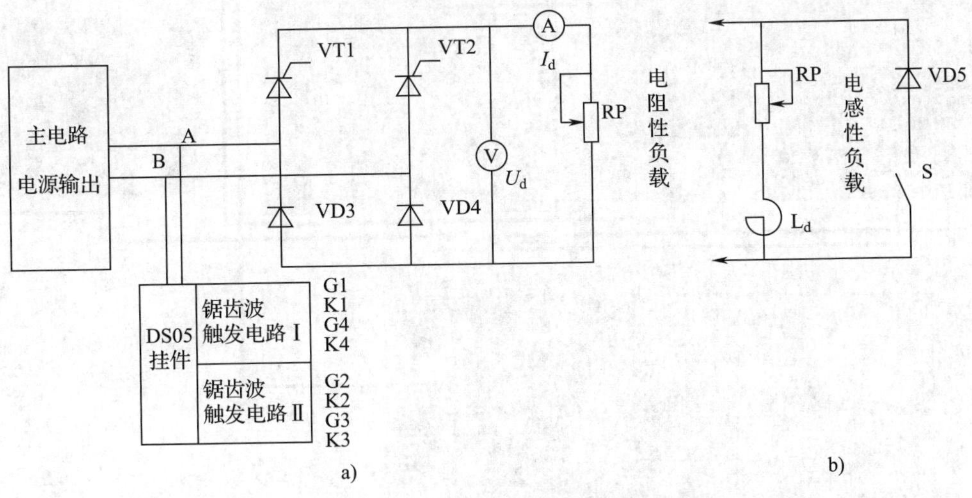

图 3–20　单相桥式半控整流实验原理电路

a）电阻性负载　b）电感性负载

加到 VT1 的门极和阴极，锯齿波触发脉冲 G2、K2 加到 VT2 的门极和阴极。晶闸管主电路“触发脉冲输入”端的扁平电缆不要接，将相应触发脉冲的钮子开关关闭（防止误触发）；图中输出负载 RP 用电源控制屏三相可调电阻器，将两个 900 Ω 变阻器接成并联形式；电感 L_d 用电源控制屏面板上 700 mH 的平波电抗器，直流电压表、直流电流表均在电源控制屏面板上；触发电路采用 DS05 组件挂箱上的锯齿波同步移相触发电路“Ⅰ”和“Ⅱ”。

四、实验内容及步骤

1. 触发电路调试

调节 DS01 电源控制屏的输出线电压为 220 V。用两根导线将 220 V 交流电压接到 DS05 的“外接电源 ~ 220 V”端（将电源控制屏的“A”接到“外接电源 ~ 220 V”下端、“B”接到“外接电源 ~ 220 V”上端），按下 DS01 的“启动”按钮，打开 DS05 的电源开关，用示波器观察锯齿波同步触发电路各观察孔的电压波形。

将控制电压 U 调至零（将电位器 RP2 顺时针旋转到底），观察同步电压信号和“6”点 u_6 的波形，调节偏移电压 U_b（调节电位器 RP3），使 α=180°。

2. 单相桥式半控整流电路接电阻性负载测试

按图 3–21 接线，主电路接可调电阻后，将阻值调至最大，按下“启动”按钮，用示波器观察负载电压 u_d、晶闸管两端电压 u_{VT} 和整流二极管两端电压 u_{VD} 的波形，调节锯齿波同步移相触发电路上的移相控制电位器 RP2，观察 α=30°、60°、90°、120°、150° 时，u_d、u_{VT}、u_{VD}

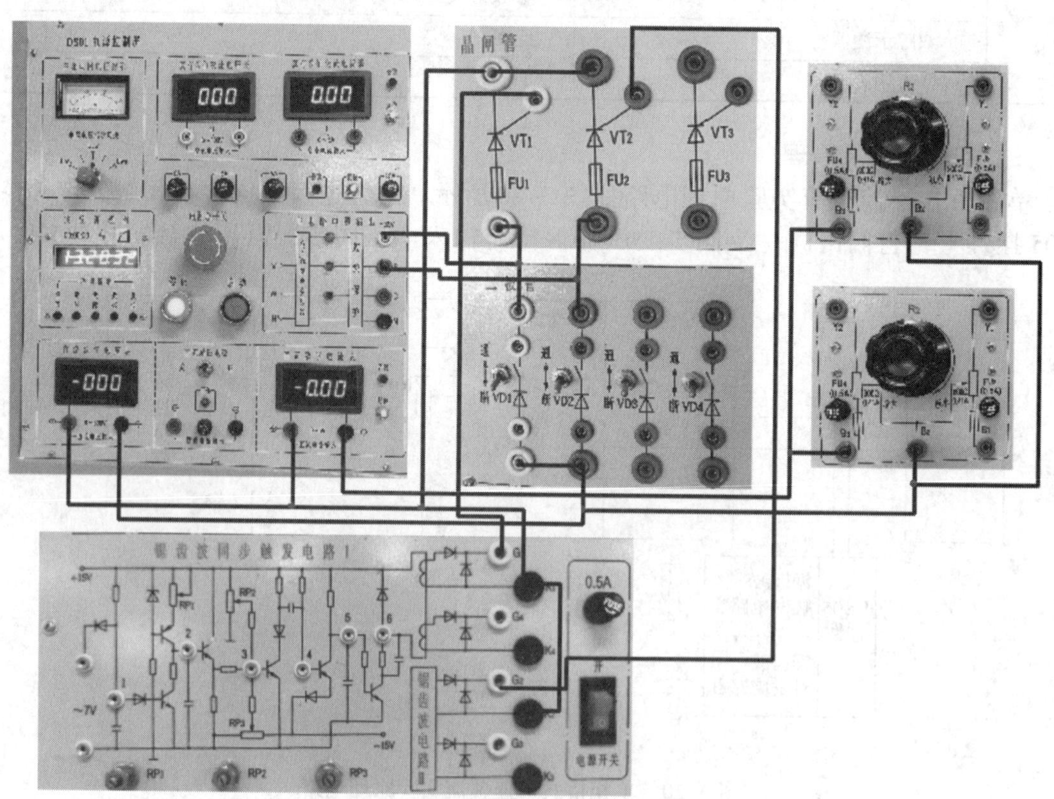

图 3–21 单相桥式半控整流电路接电阻性负载的接线图

的波形变化，测量相应电源电压 U_2 和负载电压 U_d 的值，并将数据记录在表 3-13 中。

参考计算公式：$U_d=0.9U_2(1+\cos\alpha)/2$

表 3-13 数据记录表

α	30°	60°	90°	120°	150°
U_2/V					
U_d（记录值）/V					
U_d/U_2					
U_d（计算值）/V					

3. 单相桥式全控整流电路接电感性负载测试

将电阻性负载换成电感性负载（由电阻与平波电抗器 L_d 串联），按图 3-22 接线。用示波器观察负载电压 u_d、晶闸管两端电压 u_{VT} 和整流二极管两端电压 u_{VD} 的波形，调节锯齿波同步移相触发电路上的移相控制电位器 RP2，观察 α=30°、60°、90°、120° 时，u_d、u_{VT}、u_{VD} 的波形变化，测量相应电源电压 U_2 和负载电压 U_d 的值，并将数据记录在表 3-14 中。

参考计算公式：$U_d=0.9U_2(1+\cos\alpha)/2$

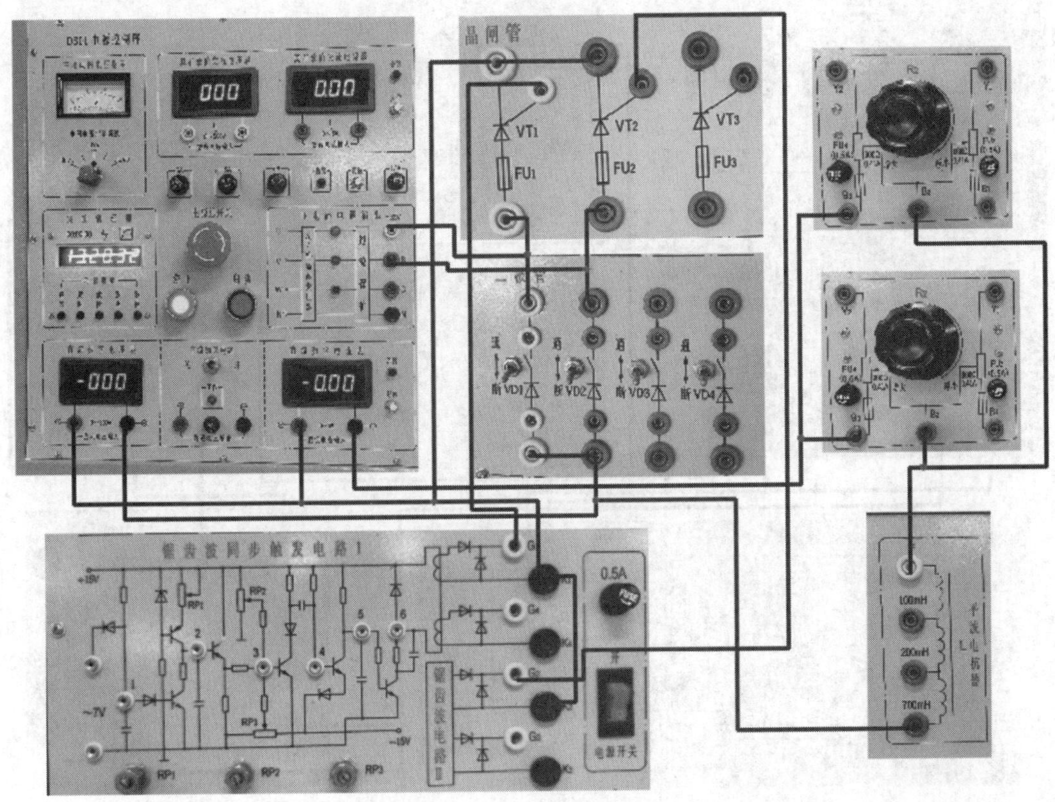

图 3-22 单相桥式半控整流电路接电感性负载的接线图

表 3–14　　数据记录中

α	30°	60°	90°	120°
U_2/V				
U_d（记录值）/V				
U_d/U_2				
U_d（计算值）/V				

在 α=60° 时，移去触发脉冲（将锯齿波同步触发电路上的“G3”或“K3”拔掉），观察并记录移去脉冲前、后，u_d、u_{VT}、u_{VD} 的波形变化。

4. 单相桥式半控整流电路接大电感负载和续流二极管测试

按图 3–23 接入续流二极管 VD3，观察续流二极管的作用及其两端电压 u_{VD3} 的波形变化。观察 α =30°、60°、90°、120° 时，直流输出电压 u_d 及晶闸管两端电压 u_{VT} 的波形变化，测量相应电源电压 U_2 和负载电压 U_d 的值，并将数据记录在表 3–15 中。

参考计算公式：$U_d=0.9U_2(1+\cos\alpha)/2$

在 α=60° 时，移去触发脉冲（将锯齿波同步触发电路上的“G3”或“K3”拔掉），观察并记录移去脉冲前、后，u_d、u_{VT}、u_{VD} 的波形变化。

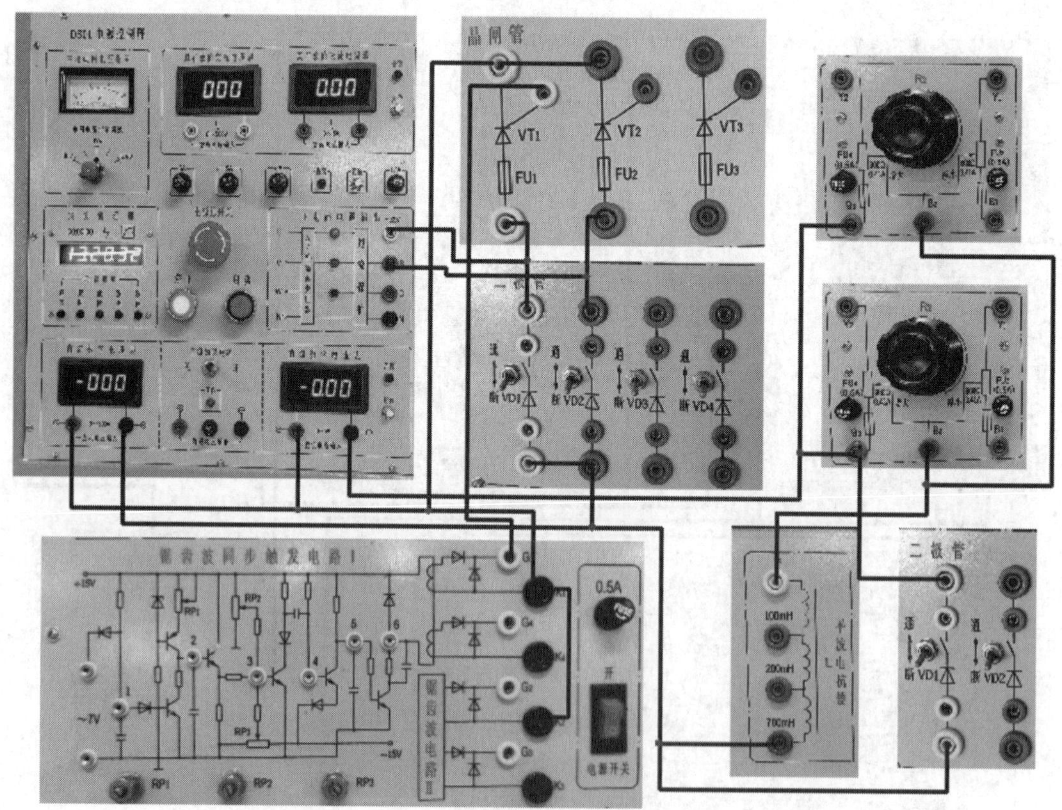

图 3–23　单相桥式半控整流电路接大电感负载和续流二极管的接线图

表 3–15　　数据记录表

α	30°	60°	90°	120°
U_2/V				
U_d（记录值）/V				
U_d/U_2				
U_d（计算值）/V				

5. 单相桥式半控整流电路接反电动势负载测试（选做）

完成此实验需增加一台直流电动机。断开主电路，将负载改为直流电动机，不接平波电抗器 L_d，调节锯齿波同步移相触发电路上的移相控制电位器 RP2，使 U_d 由零逐渐上升，用示波器观察不同 α 时，输出电压 u_d、电动机电枢两端电压 U_a 的波形。

接上平波电抗器，重复上述实验。

五、实验报告

1. 画出电路图和接线图。
2. 写出具体操作步骤。
3. 画出电阻性负载、电感性负载，α=30°、60°、90°、120° 时的整流电压 u_d 和晶闸管两端电压 u_{VT} 的波形。
4. 总结电路调试时遇到的问题及相关解决办法。

1. 触发脉冲从外部输入到 DS03 面板上晶闸管的门极和阴极，此时应将所用晶闸管对应的正桥触发脉冲或反桥触发脉冲的开关拨向“断”的位置，并将 U_{lr} 和 U_{lf} 悬空，以避免误触发。

2. 带直流电动机做实验时，要避免电枢电压超过其额定值，转速也不要超过额定值的 1.2 倍，以免发生意外，影响电机功能。

3. 带直流电动机做实验时，必须先加励磁电源，然后加电枢电压，停机时要先将电枢电压降到零，再关闭励磁电源。

思考与练习

单相桥式全控整流电路与单相桥式半控整流电路的区别是什么？

第四章 三相可控整流电路

单相可控整流电路的整流电压脉动大、频率低，当整流负载容量较大或要求直流电压脉动较小时，可采用三相可控整流电路，其交流侧由三相电源供电。三相可控整流电路形式多样，有三相半波、三相桥式、双反星形可控整流电路等，三相半波可控整流电路是最基本的形式，其他都是以其为基础的。

§4-1 三相半波可控整流电路

学习目标

1. 理解三相半波可控整流电路的工作原理
2. 掌握三相半波可控整流电路接电阻性负载时电量的计算
3. 能够绘制三相半波可控整流电路不同负载时的波形（包括晶闸管两端的电压波形）

一、三相半波可控整流电路接电阻性负载

1. 工作原理及波形分析

三相半波可控整流电路如图 4-1a 所示。为得到零线，变压器二次侧必须接成星形，一次侧接成三角形，以避免三次谐波电流流入电网。三只晶闸管阳极分别接入 U、V、W 三相电源，它们的阴极连接在一起，称为共阴极接法，这种接法触发电路有公共端，连线方便。

假设将电路中的晶闸管换作二极管，并用 VD 表示，该电路就成为三相半波不可控整流电路。此时，三只二极管对应的相电压哪一个值最大，则该相对应的二极管导通，并使另两相的二极管承受反向电压截止，输出整流电压即为该相的相电压，其波形如图 4-1d 所示。在一个周

期内，各器件的工作情况如下：在 $\omega t_1 \sim \omega t_2$ 期间，U 相电压最高，VD1 导通，$u_d=u_U$；在 $\omega t_2 \sim \omega t_3$ 期间，V 相电压最高，VD2 导通，$u_d=u_V$；在 $\omega t_3 \sim \omega t_4$ 期间，W 相电压最高，VD3 导通，$u_d=u_W$。此后，在下一周期的 ωt_4 时刻（即相当于 ωt_1 时刻），VD1 又导通，各器件又重复前一个周期的工作情况。如此，一个周期中 VD1、VD2、VD3 轮流导通，各管分别导通 120°，u_d 波形为三个相电压在正半周期的包络线。α=0° 时实测输出电压和晶闸管两端电压波形如图 4-2 所示。

在相电压的交点 ωt_1、ωt_2、ωt_3 处，均出现了二极管换相，即电流由一个二极管向另一个二极管转移，这些交点称为自然换相点。对三相半波可控整流电路而言，自然换相点是各相晶闸管能触发导通的最早时刻，将其作为计算各晶闸管触发角 α 的起点，即 α=0°，要改变触发角只能是在此基础上增大，即沿时间坐标轴向右移。若在自然换相点触发相应晶闸管导通，则电路的工作情况与上述分析的二极管整流工作情况一样。由单相可控整流电路可知，各种单相可控整流电路的自然换相点是变压器二次电压 u_2 的过零点。

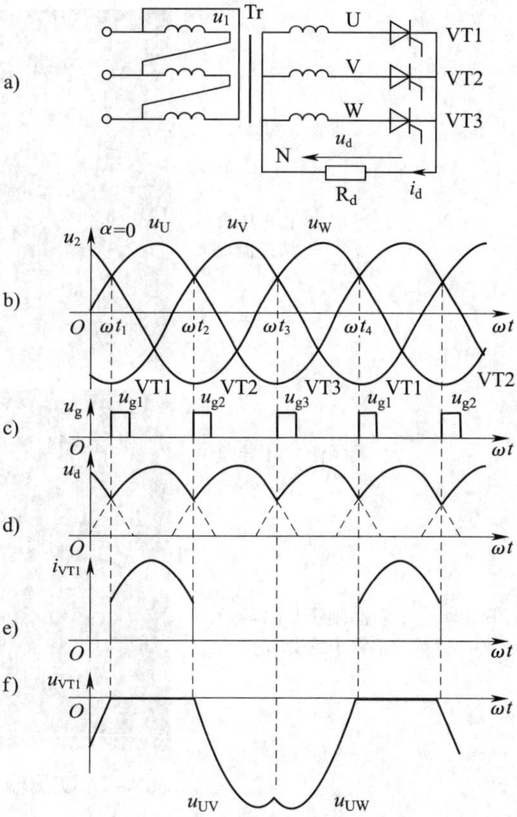

图 4-1　三相半波可控整流电路共阴极接法接电阻性负载时的电路及 α=0° 时的工作波形

当 α=0° 时，变压器二次侧 U 相绕组和晶闸管 VT1 的电流波形，如图 4-1e 所示，另两相上对应的电流波形与其形状相同，只是相位依次滞后 120°，可见变压器二次绕组电流有直流分量。

图 4-1f 是 VT1 两端的电压波形，由三段组成：第 1 段，在 VT1 导通期间，为一段管压降，可近似为 $u_{VT1}=0$；第 2 段，在 VT1 关断后、VT2 导通期间，$u_{VT1}=u_U-u_V=u_{UV}$，为一段线电压；第 3 段，在 VT3 导通期间，$u_{VT1}=u_U-u_W=u_{UW}$，为另一段线电压。因此，晶闸管 VT1 两端的电压是由一段管压降和两段线电压组成。由图可见，α=0° 时，晶闸管承受的两段线电压均为负值，随着 α 增大，晶闸管承受的电压中正的部分逐渐增多。其他两管上的电压波形与 VT1 相同，相位依次差 120°。增大 α，脉冲后移，整流电路的工作情况相应发生变化。

图 4-3 是 α=30° 时三相半波可控整流电路的工作波形。从输出电压、输出电流的波形可以看出，这时负载电流处于连续和断续的临界状态，各相仍导电 120°。

如果 α>30°，如 α=60° 时，整流电压的波形如图 4-4 所示，当导通一相的相电压过零变负时，该相晶闸管关断。此时下一相晶闸管虽承受正向电压，但它的触发脉冲还未到，不会导通，因此输出电压、输出电流均为零，直到触发脉冲出现为止。这种情况下，负载电流断续，各晶闸管导通角为 90°（小于 120°）。

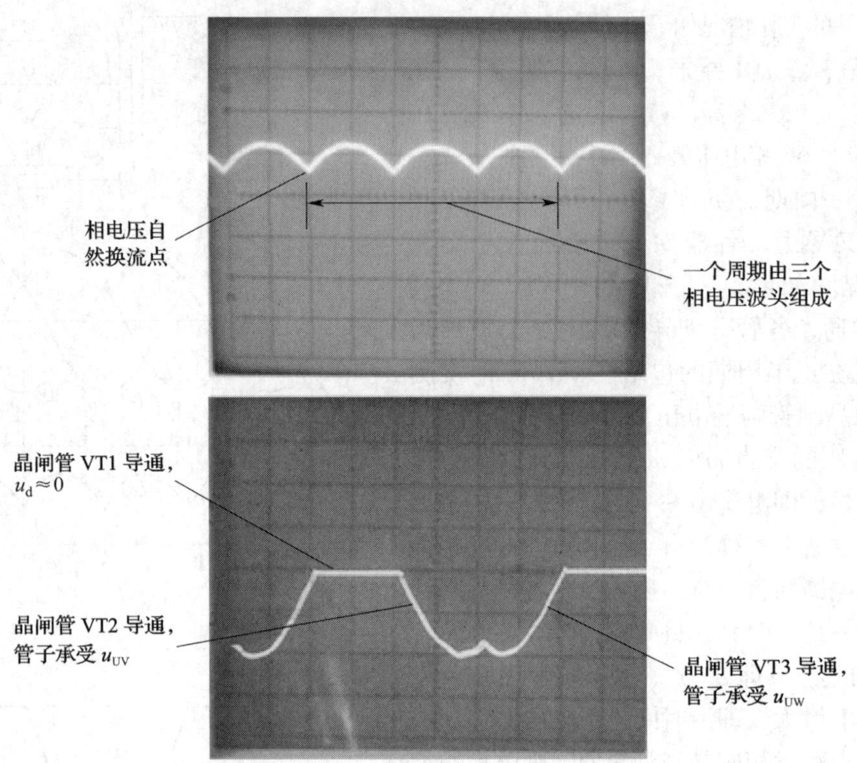

图 4–2　实测输出电压和晶闸管电压波形

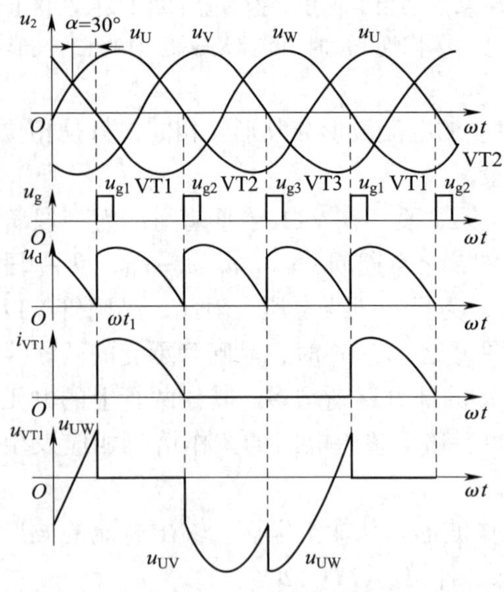

图 4–3　三相半波可控整流电路电阻负载 α=30° 时的工作波形

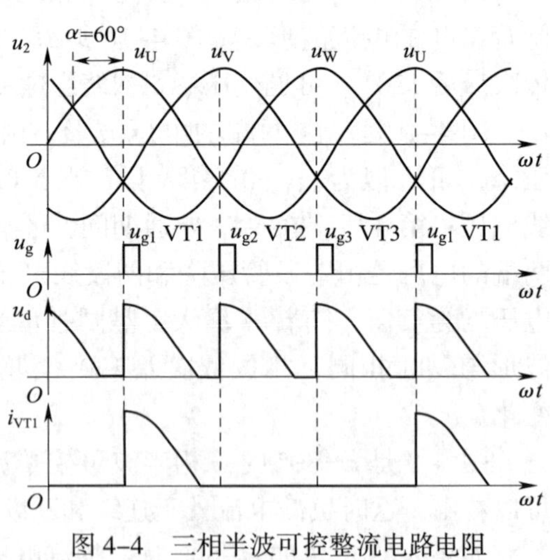

图 4–4　三相半波可控整流电路电阻负载 α=60° 时的工作波形

若 α 继续增大，整流电压将越来越小，当 α=150° 时，整流输出电压为零，故电阻负载时 α 的移相范围为 0° ~ 150°。

2. 负载电压情况

整流电压平均值的计算分两种情况：

（1）当 $\alpha \leqslant 30°$ 时，负载电流连续，此时

$$U_d=1.17U_2\cos\alpha \tag{4-1}$$

当 $\alpha=0°$ 时，U_d 最大，$U_d=1.17U_2$，

流过晶闸管的电流有效值 I_T 亦即变压器二次侧的电流有效值 I_2，即

$$I_2=I_T=\frac{U_2}{R_d}\sqrt{\frac{1}{2\pi}\left(\frac{2\pi}{3}+\frac{\sqrt{3}}{2}\cos2\alpha\right)} \tag{4-2}$$

（2）当 $\alpha>30°$ 时，负载电流断续，晶闸管导通角减小，此时

$$U_d=0.675U_2\left[1+\cos\left(\frac{\pi}{6}+\alpha\right)\right] \tag{4-3}$$

在任何情况下，负载电流平均值

$$I_d=\frac{U_d}{R_d} \tag{4-4}$$

由图 4–4 不难看出，晶闸管承受的最大反向电压为变压器二次侧线电压峰值，即

$$U_{RM}=\sqrt{2}\times\sqrt{3}U_2=\sqrt{6}U_2\approx2.45U_2 \tag{4-5}$$

【例 4–1】 调压范围为 2 ~ 15 V 的直流电源，采用三相半波可控整流电路带电阻性负载，输出电流不小于 130 A。求：

1）整流变压器二次侧相电压的有效值；

2）整流输出电压为 9 V 时的电角度 α。

解：

1）因为是电阻性负载，且 $U_{dmax}=15$ V，此时可视为 $\alpha=0°$，所以

$$U_d=1.17U_2\cos\alpha\ (0°\leqslant\alpha\leqslant30°)$$

则有

$$U_2=\frac{U_{dmax}}{1.17}=\frac{15\ \text{V}}{1.17}\approx12.82\ \text{V}$$

2）当 $\alpha=30°$ 时，$U_d=1.17U_2\cos\alpha=1.17\times12.82\ \text{V}\times\cos30°\approx12.99$ V

因此，当 $U_d=9$ V 时，一定有 $\alpha>30°$，所以

$$U_d=1.17U_2\frac{1+\cos(30°+\alpha)}{\sqrt{3}}\quad(30°<\alpha\leqslant150°)$$

则有

$$\cos(30°+\alpha)=\frac{\sqrt{3}U_d}{1.17U_2}-1=\frac{\sqrt{3}\times9\ \text{V}}{1.17\times12.82\ \text{V}}-1\approx0.039,\alpha\approx57.79°$$

二、三相半波可控整流电路接大电感负载

1. 工作原理及波形分析

如果三相半波可控整流电路接电感性负载，如图 4–5a 所示，且 L 电感量很大，此时整流电流 i_d 的波形基本是平直的，流过晶闸管的电流接近矩形波。

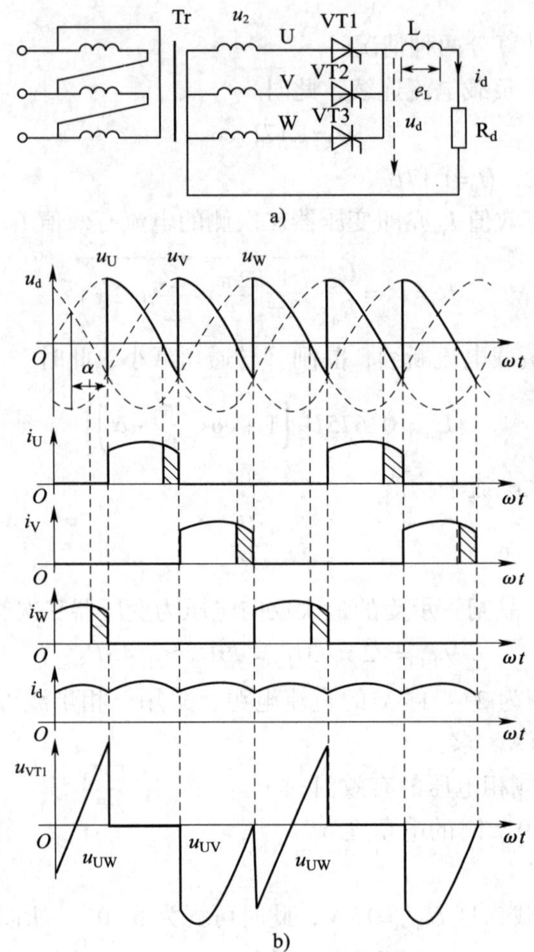

图 4–5　三相半波可控整流电路接大电感负载及 α=60° 时的工作波形

当 $\alpha \leqslant 30°$ 时，电路整流电压的波形与接电阻性负载时的波形相同，两种负载情况下，负载电流均连续。

当 α>30° 时，假设 α=60°，电路的工作波形如图 4–5b 所示。当 u_2 过零时，由于电感的存在阻碍了电流下降，因而 VT1 继续导通，直到下一相晶闸管 VT2 的触发脉冲到来，才发生换流，由 VT2 导通向负载供电，同时向 VT1 施加反向电压使其关断。这种情况下 u_d 波形中出现负值部分，若 α 继续增大，u_d 波形中负值部分面积将增多，直至 α=90° 时，u_d 波形中正负电压面积相等，u_d 的平均值为零。可见大电感负载时 α 的移相范围为 0° ~ 90° 。

2. 各电量计算

（1）输出电压平均值 U_d 由于负载电流连续，故有

$$U_d=1.17U_2\cos\alpha \tag{4–6}$$

（2）变压器二次侧电流 I_2 即晶闸管电流的有效值为

$$I_2=I_T=\frac{1}{\sqrt{3}}I_d \approx 0.577I_d \tag{4–7}$$

由此可求出晶闸管的额定电流为

$$I_{T(AV)} = (1.5 \sim 2)\frac{I_T}{1.57} \tag{4-8}$$

（3）晶闸管最大正反向电压峰值

晶闸管两端电压的波形如图 4-5b 所示，由于负载电流连续，因此晶闸管最大正反向电压峰值均为变压器二次侧线电压峰值，即

$$U_{RM}=\sqrt{2}\times\sqrt{3}U_2=\sqrt{6}U_2\approx 2.45U_2 \tag{4-9}$$

图 4-5b 所示 i_d 的波形有一定脉动，与分析单相整流电路接电感性负载时的 i_d 波形有所不同，这是电路工作的实际情况。由于负载中电感量不可能也不必非常大，一般只要能保证负载电流连续即可，因此 i_d 实际上是有波动的，不是完全平直的水平线。通常为简化分析及定量计算，可将 i_d 近似为一条水平线，这对分析和计算的准确性影响不大。

三相半波可控整流电路的主要缺点是变压器二次侧电流中含有直流成分，且晶闸管在一个周期内只有 1/3 的时间有电流通过，变压器利用率很低，因此应用较少。

三、三相半波可控整流电路接大电感负载和续流二极管

三相半波可控整流电路接大电感负载时，也可接续流二极管。图 4-6 即为电路接续流二极管，且 α=60° 时的电压、电流波形。由图可见，接续流二极管后，u_d 的波形及 U_d 的计算公式与带电阻性负载时一样，负载电流 i_d 的波形与带大电感负载时一样，$i_d=i_{VT1}+i_{VT2}+i_{VT3}+i_D$（$i_D$ 为续流二极管电流）。当 $\alpha\leq 30°$ 时，u_d 均大于零，续流二极管受反向电压与不接续流二极管一样。当 $\alpha>30°$ 时，晶闸管的导通角 $\theta_T=150°-\alpha$，由于续流二极管一个周期内续流三次，故其导通角 $\theta_D=3(\alpha-30°)$。

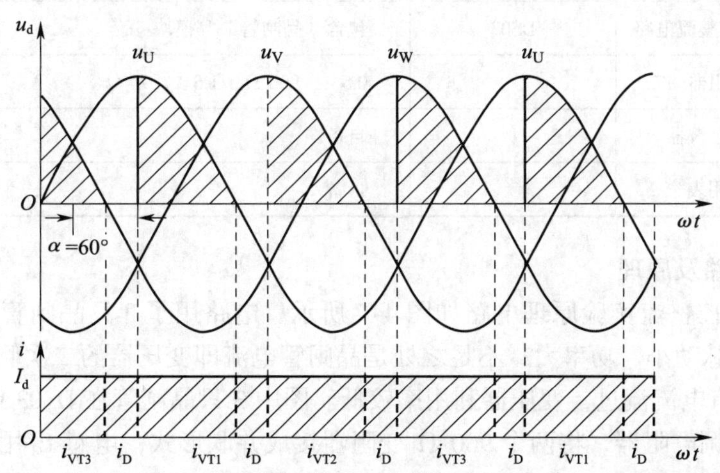

图 4-6　三相半波可控整流电路接大电感负载和续流二极管时的波形

晶闸管电流平均值为

$$I_{dT}=\frac{\theta_T}{360°}I_d=\frac{150°-\alpha}{360°}I_d \tag{4-10}$$

晶闸管电流有效值为

$$I_T=\sqrt{\frac{\theta_T}{360°}}I_d=\sqrt{\frac{150°-\alpha}{360°}}I_d \tag{4-11}$$

续流二极管电流平均值为 $$I_{dD}=\frac{\theta_D}{360^\circ}I_d=\frac{\alpha-30^\circ}{120^\circ}I_d \tag{4-12}$$

续流二极管电流有效值为 $$I_D=\sqrt{\frac{\theta_D}{360^\circ}}I_d=\sqrt{\frac{\alpha-30^\circ}{120^\circ}}I_d \tag{4-13}$$

实验与实训 8　三相半波可控整流电路实验

一、实验目的

1. 了解三相半波可控整流电路的工作原理。

2. 研究三相半波可控整流电路在接电阻负载和接电感性负载时的工作情况。

二、实验器材

实验所需器材明细见表 4–1。

表 4–1　　实验器材明细

序号	名称	型号	备注
1	电源控制屏	DS01	包含“三相电源输出”“励磁电源”“给定”等模块
2	三相可控整流电路	DS03	包含“晶闸管”等模块
3	变阻器		0.5 A，900 Ω；1.5 A，90 Ω
4	双踪示波器		自备
5	万用表		自备

三、实验线路及原理

三相半波可控整流实验原理电路如图 4–7 所示。电路用了 3 只晶闸管，与单相电路比较，其输出电压脉动小、功率大；不足之处是晶闸管电流即变压器的二次侧电流在一个周期内只有 1/3 时间有电流流过，变压器利用率较低。图中 3 只晶闸管在 DS03 桥组内，电阻 RP 用电源控制屏可调电阻器，将两个 900 Ω 变阻器接成并联形式；电感 L_d 用电源控制屏面板上 700 mH 的平波电抗器，其三相触发信号由 DS03 内部提供，只需在其外施加一个给定电压接到 U_{ct} 端即可；直流电压表、直流电流表由电源控制屏获得。

四、实验内容及步骤

1. DS03 的“触发电路”调试

①打开 DS01 总电源开关，操作“电源控制屏”上的“三相电网电压指示”切换开关，观察输入的三相电网电压是否平衡。

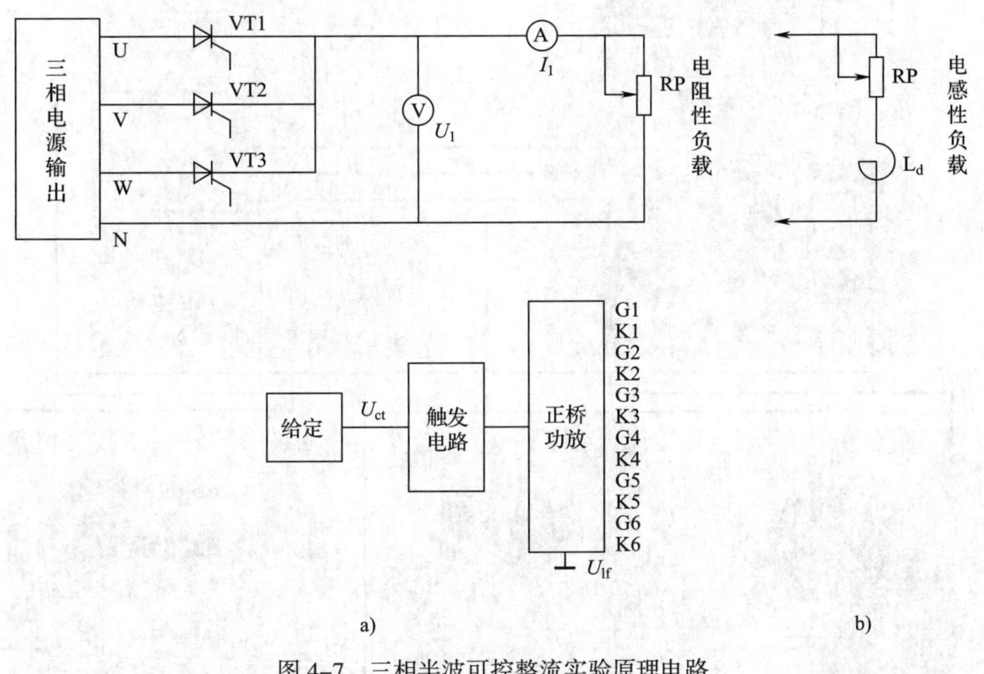

图 4–7 三相半波可控整流实验原理电路

a）电阻性负载 b）电感性负载

②用 12 芯电源线连接控制屏电源，打开 DS03 电源开关，拨动“触发脉冲指示”钮子开关，使“窄”的发光管亮起。

③观察 A、B、C 三相的锯齿波，并调节 A、B、C 三相锯齿波斜率调节电位器（在各观测孔左侧），使三相锯齿波斜率尽可能一致。

④将电源控制屏的上的“给定”输出 U_g 直接与 DS03 上的移相控制电压 U_{ct} 相连，将给定开关 S2 拨到接地位置（即 U_{ct}=0），调节 DS03 上的偏移电压电位器，用双踪示波器观察 a 相同步电压信号和“脉冲观察孔”VT1 的输出波形，使 α=150°。

⑤适当增加给定电压 U_g 的正电压输出，观察 DS03 上“脉冲观察孔”的波形，此时应能观测到双窄脉冲。

⑥将 DS03 的“触发脉冲输出”端和“触发脉冲输入”端相连，并将 DS03“触发脉冲控制”的六个开关拨至“通”，观察正桥 VT1 ~ VT6 晶闸管门极和阴极之间的触发脉冲是否正常。

2. 三相半波可控整流电路接电阻性负载测试

按图 4–8 接线，主电路接可调电阻后，将阻值调至最大，按下“启动”按钮。电源控制屏上的给定输出从零开始慢慢增加移相电压，使 α 在 0° ~ 150° 范围内调节，用示波器观察 α=0°、30°、60°、90°、120°、150° 时，整流输出电压 u_d 和晶闸管两端电压 u_{VT} 的波形变化，测量相应电源电压 U_2 和负载电压 U_d 的值，并将数据记录在表 4–2 中。

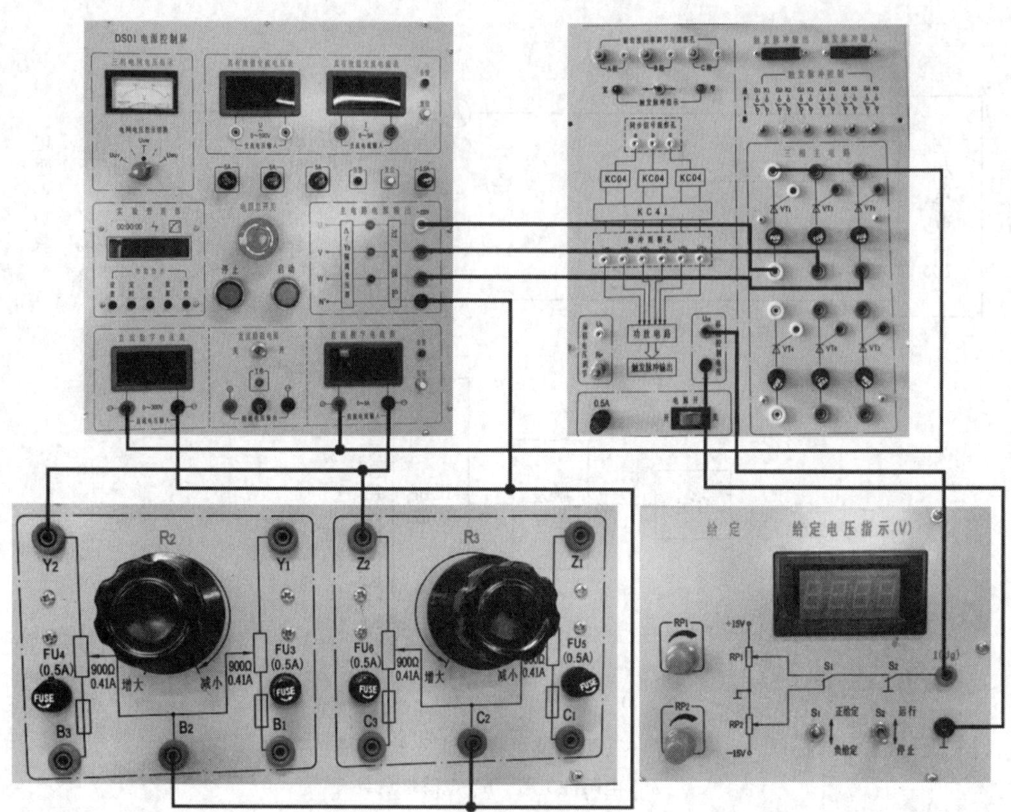

图 4–8　三相半波可控整流电路接电阻性负载的接线图

表 4–2　　数据记录表

α	0°	30°	60°	90°	120°	150°
U_2/V						
U_d（记录值）/V						
U_d/U_2						
U_d（计算值）/V						

提示

计算公式：$U_d=1.17U_2\cos\alpha$（α=0° ~ 30°）

$$U_d=0.675U_2\left[1+\cos\left(\frac{\pi}{6}+\alpha\right)\right]（\alpha=30° \sim 150°）$$

3. 三相半波可控整流电路接电感性负载测试

按图 4–9 接线，将电源控制屏上 700 mH 的平波电抗器与负载电阻 R 串联后接入主电路，用示波器观察 α=0°、30°、60°、90°、120° 时，整流输出电压 u_d 和晶闸管两端电压 u_{VT} 的波形变化，测量相应电源电压 U_2 和负载电压 U_d 的值，并将数据记录在表 4–3 中。

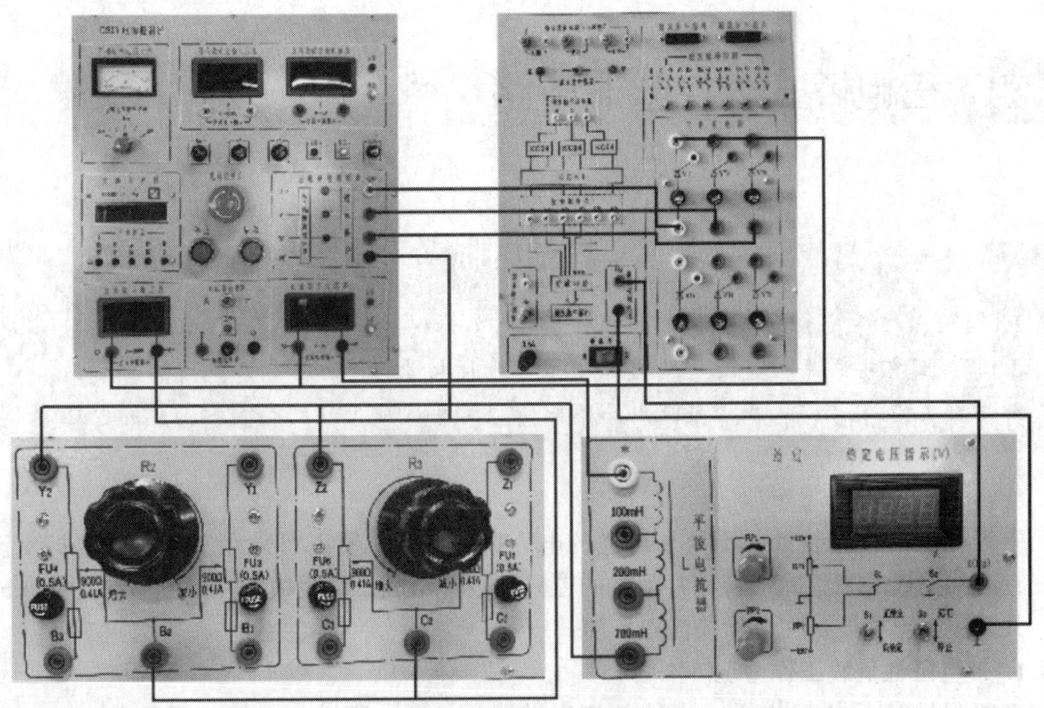

图 4–9　三相半波可控整流电路接电感性负载的接线图

表 4–3　　**数据记录表**

α	0°	30°	60°	90°	120°
U_2/V					
U_d（记录值）/V					
U_d/U_2					
U_d（计算值）/V					

五、实验报告

绘制 α=90° 时，整流电路给电阻性负载和电感性负载供电时，u_d 和 i_d 的波形，并进行分析讨论。

提示　整流电路与三相电源连接时，一定要注意相序，必须一一对应。

思考与练习

1. 如何确定三相触发脉冲的相序？主电路输出的三相相序能任意改变吗？
2. 根据所用晶闸管的定额，如何确定整流电路的最大输出电流？

§4-2 三相桥式半控整流电路

学习目标

1. 理解三相桥式半控整流电路的工作原理
2. 掌握三相桥式半控整流电路接电阻性负载时电量的计算
3. 能够绘制三相桥式半控整流电路不同负载时的波形（包括晶闸管两端的电压波形）

中等容量的整流装置或不要求可逆的电力拖动装置，所以可采用三相桥式半控整流电路，它由共阴极的三只晶闸管和共阳极的三只二极管组成，共阴极组在晶闸管脉冲到来时换流，共阳极组不可控，在自然换流点换流。

1. 带电阻性负载工作情况

带电阻性负载的三相桥式半控整流电路如图 4-10a 所示，电路把晶闸管 VT1、VT2、VT3 的阴极连在一起，把二极管 VD1、VD2、VD3 的阳极连在一起，由于电路中的整流元件，一半是晶闸管（可控），一半是二极管（不可控），故称为三相桥式半控整流电路。

三只晶闸管每只导通 $T/3$（T 为交流电源的周期），因此每隔 $T/3$ 就有一个脉冲去触发晶闸管，即保证了晶闸管导通角度的要求。

（1）当 α=0° 时，如果选取 u_U、u_W 的交点时刻触发 VT1，u_U、u_V 的交点时刻触发 VT2，u_V、u_W 的交点时刻触发 VT3，则：

t_0 ~ t_1 区间，U 相电位最高，V 相电位最低，VT1、VD2 导通，$u_d=u_{UV}$。

t_1 ~ t_2 区间，U 相电位最高，W 相电位最低，VT1、VD3 导通，$u_d=u_{UW}$。

t_2 ~ t_3 区间，V 相电位最高，W 相电位最低，VT2、VD3 导通，$u_d=u_{VW}$。

t_3 ~ t_4 区间，V 相电位最高，U 相电位最低，VT2、VD1 导通，$u_d=u_{VU}$。

t_4 ~ t_5 区间，W 相电位最高，U 相电位最低，VT3、VD1 导通，$u_d=u_{WU}$。

t_5 ~ t_6 区间，W 相电位最高，V 相电位最低，VT3、VD2 导通，$u_d=u_{WV}$。

以上是一个周期内每个整流元件的工作过程。由图 4-10b 可知，该情形与不可控的三相桥式整流电路相同，每只晶闸管的导通角为 120°（即 θ=120°），输出电压为脉动较小的直流电压。以上就是 α=0° 时三相桥式半控整流电路的工作情形，下面再分析几种特殊 α 角电路的工作情形。

（2）当 α=30° 时，各整流元件的工作情形，如图 4-11 所示。

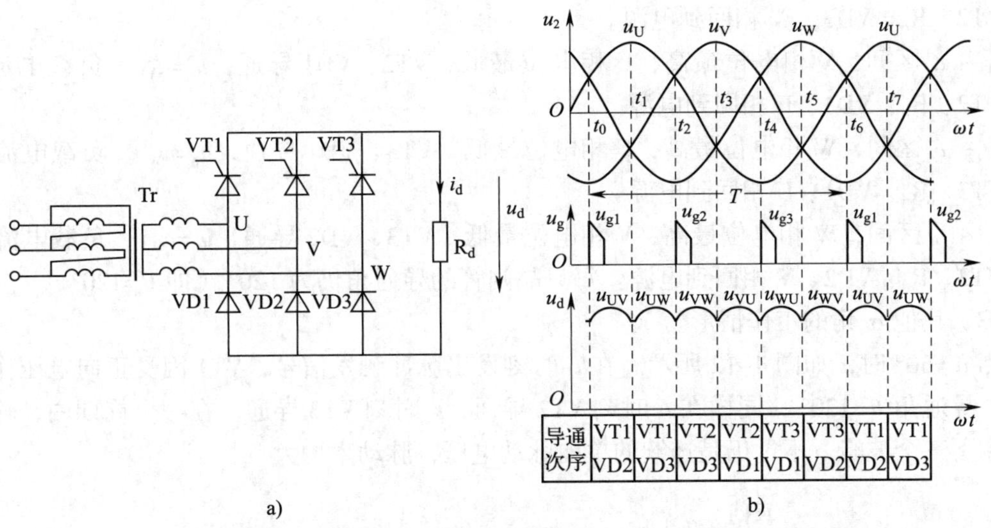

图 4-10　带电阻性负载的三相桥式半控整流电路及 α=0° 时的工作波形

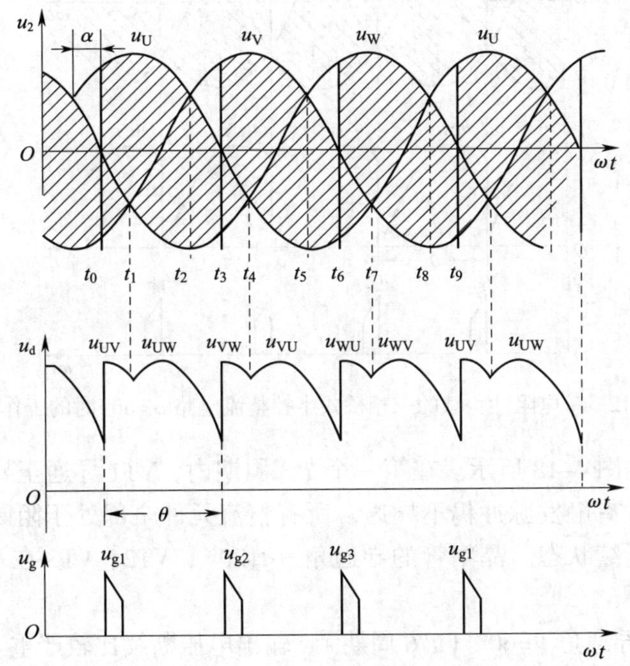

图 4-11　带电阻性负载的三相桥式半控整流电路 α=30° 时的工作波形

t_0 ~ t_1 区间，U 相电位最高，V 相电位最低，VT1、VD2 导通，u_d=u_{UV}，负载电流由 U 相经 VT1、R_d、VD2、V 相回到电源。

t_1 ~ t_3 区间，U 相电位最高，W 相电位最低，VT1、VD3 导通，u_d=u_{UW}，负载电流由 U

相经 VT1、R_d、VD3、W 相回到电源。

t_3 ~ t_4 区间，V 相电位最高，W 相电位最低，VT2、VD3 导通，$u_d=u_{VW}$，负载电流经 V 相、VT2、R_d、VD3、W 相回到电源。

t_4 ~ t_6 区间，V 相电位最高，U 相电位最低，VT2、VD1 导通，$u_d=u_{VU}$，负载电流经 V 相、VT2、R_d、VD1、U 相回到电源。

t_6 ~ t_7 区间，W 相电位最高，U 相电位最低，VT3、VD1 导通，$u_d=u_{WU}$，负载电流经 W 相、VT3、R_d、VD1、U 相回到电源。

t_7 ~ t_9 区间，W 相电位最高，V 相电位最低，VT3、VD2 导通，$u_d=u_{WV}$，负载电流经 W 相、VT3、R_d、VD2、V 相回到电源。每只晶闸管的导通角仍为 120°（即 θ=120°）。

（3）其他 α 角的工作情形。

当 α=60° 时，如图 4–12 所示。在 t_1 时刻发出脉冲触发信号，VT1 因受正向电压作用而导通，导通角 θ=120°，同样在 t_2 时刻 VT2 导通，t_3 时刻 VT3 导通。在一个周期内，输出电压仅剩下三个波峰，不过仍是连续的单向脉动电压，脉动率增大。

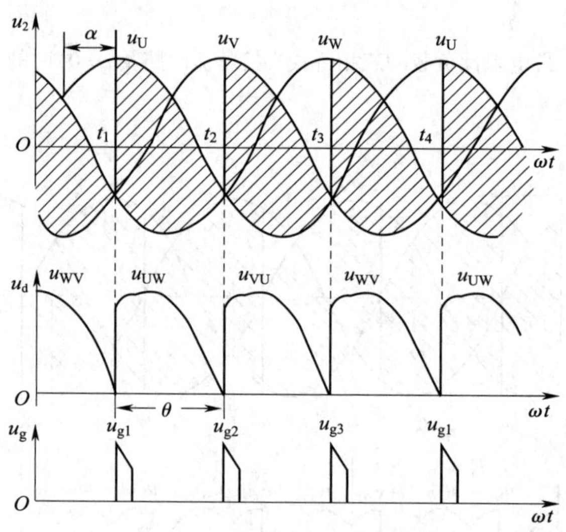

图 4–12　带电阻性负载的三相桥式半控整流电路 α=60° 时的工作波形

当 α=90° 时，如图 4–13 所示。在第一个 $T/3$ 周期内，VT1 导通至 t_2 时刻，u_{UW}=0，VT1 关断。但此时 VT2 没有触发脉冲仍不导通，所有整流元件全部处于阻断状态，负载电流没有回路，因而出现断续状态。晶闸管的导通角 θ<120°，VT2、VT3 在 $T/3$ 周期内的输出电压波形相同。

当 α=120° 时，导通角 θ=60°（$T/6$ 周期），输出电压断续比较严重。

当 α=150° 时，导通角仅有 30°（$T/12$ 周期），输出电压仅有很小的尖波了。

当 α=180° 时，输出电压 u_d=0，输出电流 i_d=0。

（4）由以上分析可得出结论：

当 α=0° 时，输出电压 u_d 的波形与三相桥式不控整流一样，一个周期内有六个波峰。

当 0° ≤ α<60° 时，输出电压 u_d 在一个周期内仍有六个波峰，只是其中有三个波缺少一块。

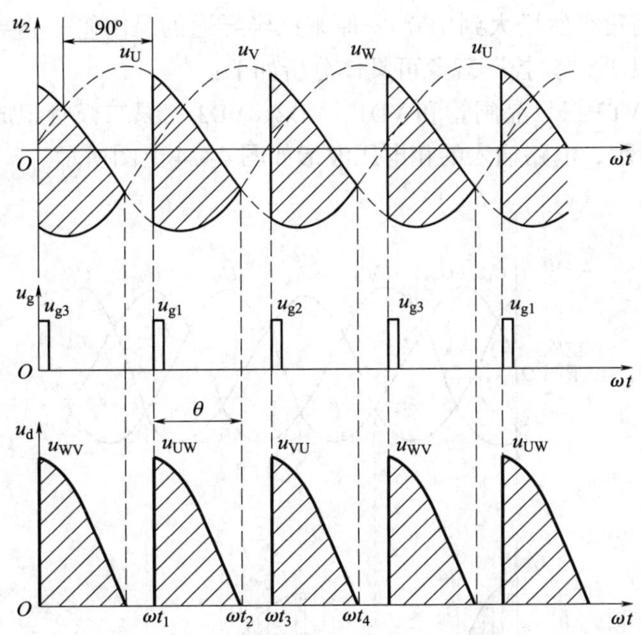

图 4–13　带电阻性负载的三相桥式半控整流电路 α=90° 时的工作波形

当 α=60° 时，输出电压 u_d 在一个周期内仅有三个波峰。

以上三种情形 u_d 的波形连续，晶闸管导通角为 120° 。

当 α>60° 时，输出电压 u_d 的波形不再连续，晶闸管的导通角小于 120° 。

当 α=120° 时，一个周期内仅有半个周期有输出电压。

移相范围 0° ~ 180° ，二极管承受的最大反向电压为三相交流电源的线电压，最大值为 $\sqrt{6}\,U_2$，而晶闸管承受的最大正反向电压均为线电压，最大值为 $\sqrt{6}\,U_2$。

输出电压的计算可依照全控电路，分断续及连续两种情况进行，但计算结果相同，即 0° ≤ α ≤ 180° 输出电压平均值均为

$$U_d=1.17U_2(1+\cos\alpha) \tag{4-14}$$

2. 带大电感负载工作情况

带大电感负载时，此电路与单相桥式半控整流电路一样有自然续流现象。输出电压 u_d 的波形不会出现负电压，而是会出现一只导通的晶闸管无法关断，三只二极管轮流导通的失控现象，要在负载两端并接一只续流二极管，以防止晶闸管失脉冲造成输出电压失控，或晶闸管导通时突然开路，造成元件损坏等。当电感很大时，输出电流波形接近一条水平线。此时输出电压平均值 U_d 的计算与电阻性负载时相同，即

$$U_d=1.17U_2(1+\cos\alpha)$$

当 α<60° 时，晶闸管和二极管在一个周期内均导通 120° ，续流二极管不工作。而当 α>60° 时，晶闸管和二极管的导通角均为 180° $-\alpha$，续流二极管在一个周期内续流三次，每次续流电角度为 60° $-\alpha$。

3. 主电路失控分析

当晶闸管的控制角突然增大到 180°，原来已经导通的晶闸管一直导通不能关断，这种现象称为“失控”。出现“失控”现象可具体分析如下：

由 VT1、VT2、VT3 三只晶闸管和 VD1、VD2、VD3 三只二极管组成的三相桥式半控整流电路如图 4-10a 所示，电路输入的相电压波形如图 4-14 上图所示。

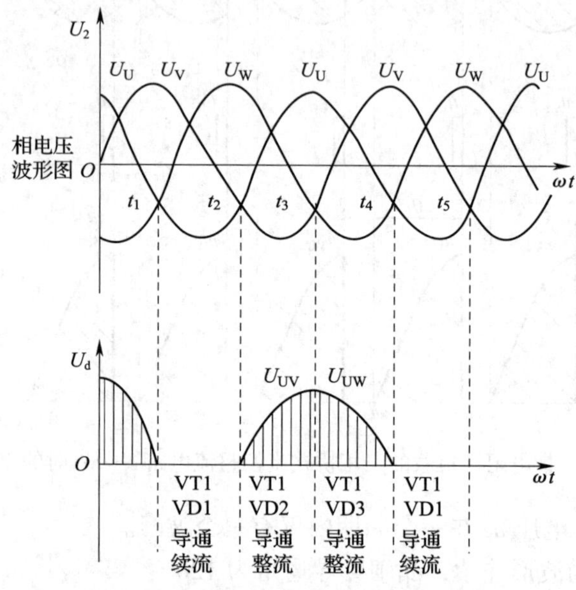

图 4-14　三相桥式半控整流电路失控波形

设控制角 α 加大之前，VT1 晶闸管已正向导通。若移相触发单元产生的触发脉冲控制角 α 增大到 180°，则接在 V、W 相上的晶闸管 VT2、VT3 就失去了正向导通条件而不可能后续导通。VT1 导通到如图 4-14 所示的 t_1 时刻时，U 相电压变成最低相电压，使 VT1 有关断趋势。由于电路中一般都有电感 L 存在，它产生反电动势起到维持其中电流不变的作用，在此反电动势作用下，回路产生电流 i，使 VT1 不能关断而继续导通。到了 t_2 时刻，由于 U 相电压 u_U 开始高于最低相电压 u_V，故 VT1、VD2 导通；到了 t_3 时刻，因 W 相电压开始变得最低，VD2、VD3 换流变成 VT1、VD3 导通；过了 t_4 时刻，又重复上面情况。t_1 到 t_4 恰好为一个周期，因二极管正向导通时管压降很低，t_1 到 t_2 期间整流电压近似为零，所以失控时整流电压的平均值为

$$U_d = \frac{\sqrt{2}}{\pi} U_{UV} \left(1 - \cos\frac{2\pi}{3}\right) = 0.675 U_{UV} \tag{4-15}$$

式中，U_{UV} 为施加于整流桥的电源线电压。

正常运行时三相半控整流桥三只晶闸管是轮换导通的，一个周期内流过每只晶闸管的平均电流为整流输出电流的 1/3；而发生失控后，只有一只晶闸管导通，其他两相上的晶闸管均无电流流过，因此导通的晶闸管易因过载而损坏。

解决三相桥式半控整流电路失控的办法主要有以下两种：

（1）加装续流二极管

最早防止失控所采取的办法是在整流桥输出端加装续流二极管 VD4，如图 4–15 所示。其防止失控的原理是：设图中 VT1 导通，到 t_1 时刻，与 VT1 相对应的 U 相电压 u_U 变为最低电压，在电感 L 的自感电动势作用下，可由图中虚线所示的两条支路续流。一条是续流管 VD4 支路，另一条是 VT1 和 VD1 的串联支路。如果续流二极管的管压降足够小，则 VT1、VD1 串联支路流过的电流就足够小，当该电流小于 VT1 的维持电流时，就会使 VT1 关断，从而避免失控的发生。

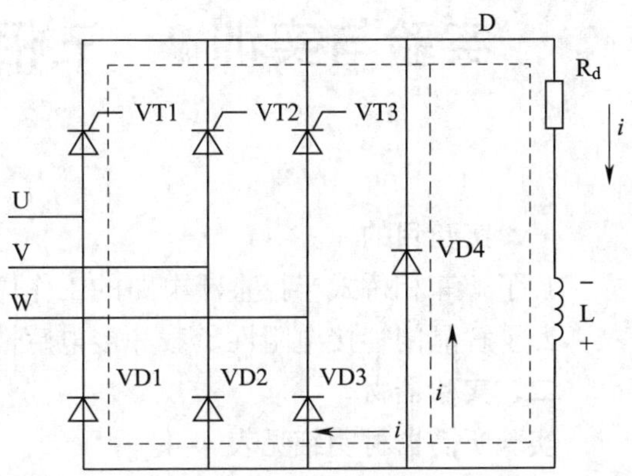

图 4–15　接续流二极管的三相桥式半控整流电路

（2）留有足够的开放角，即稳定裕度

仍以图 4–15 为例，加于三相桥式半控整流电路的三相相电压的波形如图 4–16 上图所示。如果电压下限值所对应的控制角最大只能达到 150°（即留有 30° 的开放角）。

晶闸管 VT1 于 t_1 时刻触发导通。t_1 至 t_2 时间段 VT1、VD2 导通，整流桥负载电压即为线电压 u_{UV}。过了 t_2 时刻，u_U 变为最低，晶闸管 VT1 欲关断，但由于反电动势的作用，续流二极管两端压降较大，使已导通的 VT1 不能关断，此时将通过续流管 VD4 及 VT1、VD2 两条支路续流。到 t_3 时刻，V 相对应的晶闸管 VT2 将获得触发脉冲而导通，VT2 导通后，图 4–15 中的 D 点电位变为 V 相电位，此时因 $u_V>u_U$，故 VT1 承受反向电压而截止，从而不会出现失控现象。

晶闸管最大控制角 α 的选取原则是：从有效防止失控来看，越小越好（即留有的开放角越大越好），但 α 选得过小，整流电压就过高；α 也不宜过大，若 α 过大，则加于已导通晶闸管上的反向电压就过低，不利于晶闸管的关断；最大控制角的选择可按经验取值，亦可按理论分析取最佳值。

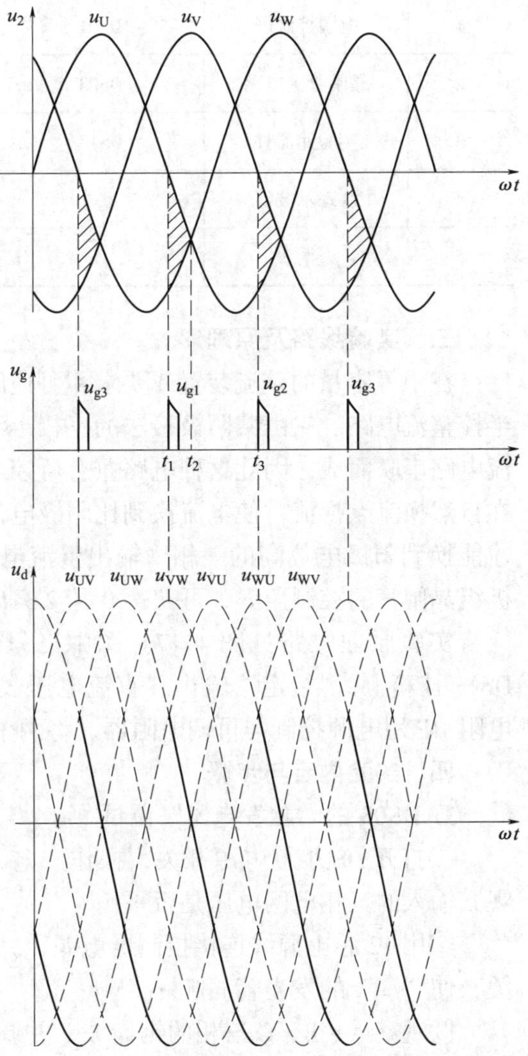

图 4–16　三相桥式半控整流电路的波形图

实验与实训 9　三相桥式半控整流电路实验

一、实验目的

1. 了解三相桥式半控整流电路的工作原理及其输出电压、输出电流的波形。

2. 了解晶闸管接电阻性负载和接电感性负载时，不同控制角 α 下的工作情况。

二、实验器材

实验所需器材明细见表 4–4。

表 4–4　　实验器材明细

序号	名称	型号	备注
1	电源控制屏	DS01	包含“三相电源输出”“励磁电源”“给定”等模块
2	晶闸管主电路	DS03	包含“触发电路”“正桥功放”“反桥功放”等模块
3	实验元器件	DS17	包含“二极管”等模块
4	双踪示波器		自备
5	万用表		自备

三、实验线路及原理

在中等容量的整流装置或要求不可逆的电力拖动装置中，可采用简单、经济的三相桥式半控整流电路。它由共阴极接法的三相半波可控整流电路与共阳极接法的三相半波不可控整流电路串联而成，因此这种电路兼有可控与不可控两者特性。共阳极组三只整流二极管总是在自然换流点换流，使电流换到比阴极电位更低一相，而共阴极组三只晶闸管则要在触发后才能换到阳极电位高的一相。输出整流电压 u_d 的波形是三组整流电压波形之和，改变共阴极组晶闸管的控制角 α，可获得 0 ~ $2.34U_2$ 的直流可调电压。

实验原理电路见图 4–17。图中三只晶闸管和三相触发电路均在 DS03 上，二极管在 DS17 挂箱上，“给定”输出、直流电压表、直流电流表以及电感 L_d 从电源控制屏上获取，电阻 RP 用电源控制屏可调电阻器，将两个 900 Ω 变阻器接成并联形式。

四、实验内容与步骤

1. DS03 的“触发电路”调试

①打开 DS01 总电源开关，操作“电源控制屏”上的“三相电网电压指示”切换开关，观察输入的三相电网电压是否平衡。

②用 12 芯电源线连接控制屏电源，打开 DS03 电源开关，拨动“触发脉冲指示”钮子开关，使“窄”的发光管亮起。

③观察 A、B、C 三相的锯齿波，并调节 A、B、C 三相锯齿波斜率调节电位器（在各观测孔左侧），使三相锯齿波斜率尽可能一致。

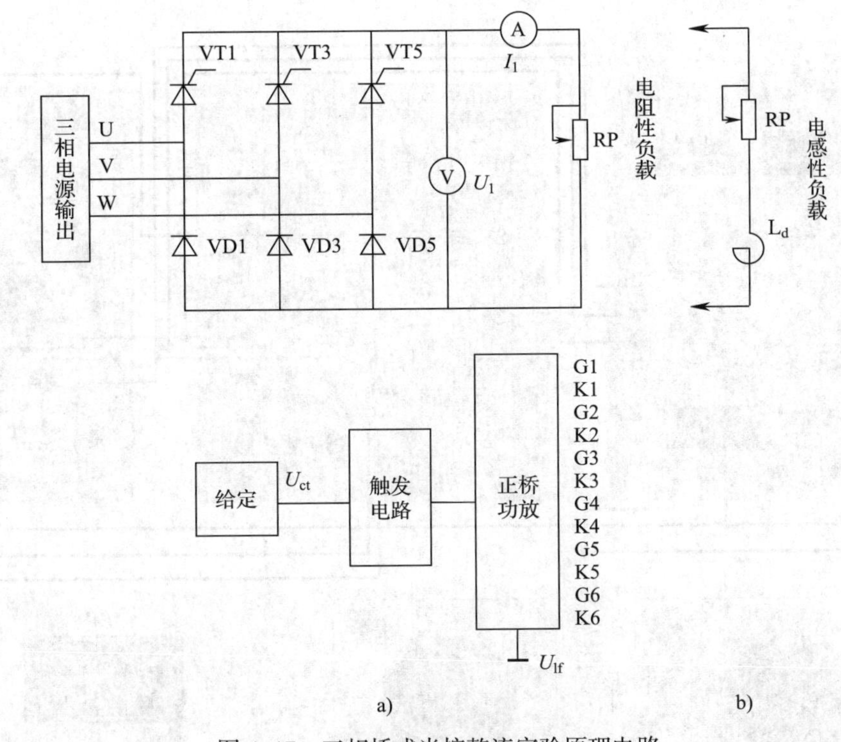

图 4–17　三相桥式半控整流实验原理电路

a）电阻性负载　b）电感性负载

④将电源控制屏的上的“给定”输出 U_g 直接与 DS03 上的移相控制电压 U_{ct} 相连，将给定开关 S2 拨到接地位置（即 U_{ct}=0），调节 DS03 上的偏移电压电位器，用双踪示波器观察 a 相同步电压信号和“脉冲观察孔”VT1 的输出波形，使 α=150°。

⑤适当增加给定电压 U_g 的正向电压输出，观测 DS03 上“脉冲观察孔”的波形，此时应能观测到双窄脉冲。

⑥将 DS03 的“触发脉冲输出”端和“触发脉冲输入”端相连，并将 DS03“触发脉冲控制”的六个开关拨至“通”，观察正桥 VT1 ~ VT6 晶闸管门极和阴极之间的触发脉冲是否正常。

2. 三相桥式半控整流电路接电阻性负载测试

按图 4–18 接线，将给定输出调到零，负载电阻调至最大阻值，按下“启动”按钮，缓慢调节给定输出，观察 α=0°、30°、60°、90°、120° 时，整流电路输出电压 u_d、输出电流 i_d 以及晶闸管两端电压 u_{VT} 的波形，并记录在表 4–5 中。

3. 三相桥式半控整流电路接电感性负载测试

按图 4–19 接线，将 700 mH 的平波电抗器接入电路，重复“实验内容与步骤”中 2 的操作步骤，并将相应波形绘制在表 4–6 中。

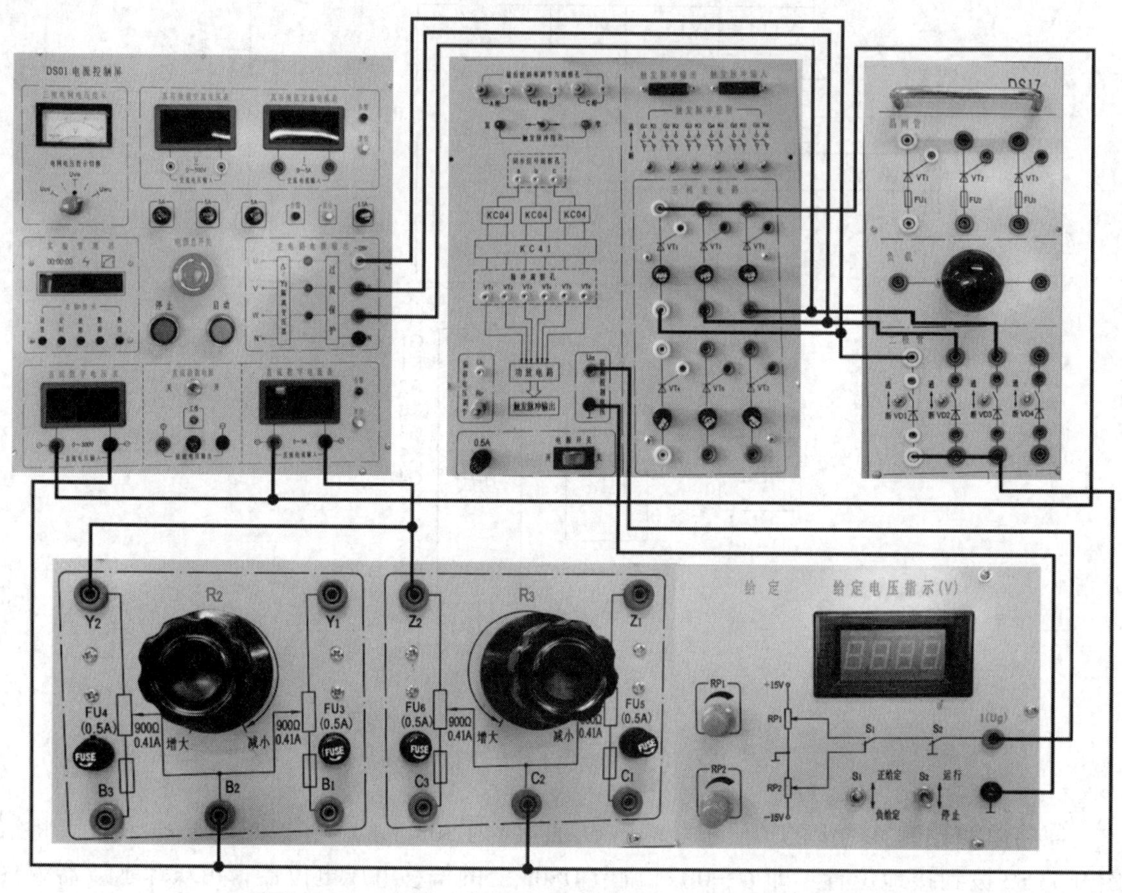

图 4–18　三相桥式半控整流电路接电阻性负载的接线图

表 4–5　　**波形记录表**

α	u_d 的波形	i_d 的波形	u_{VT} 的波形
0°			
30°			
60°			
90°			
120°			

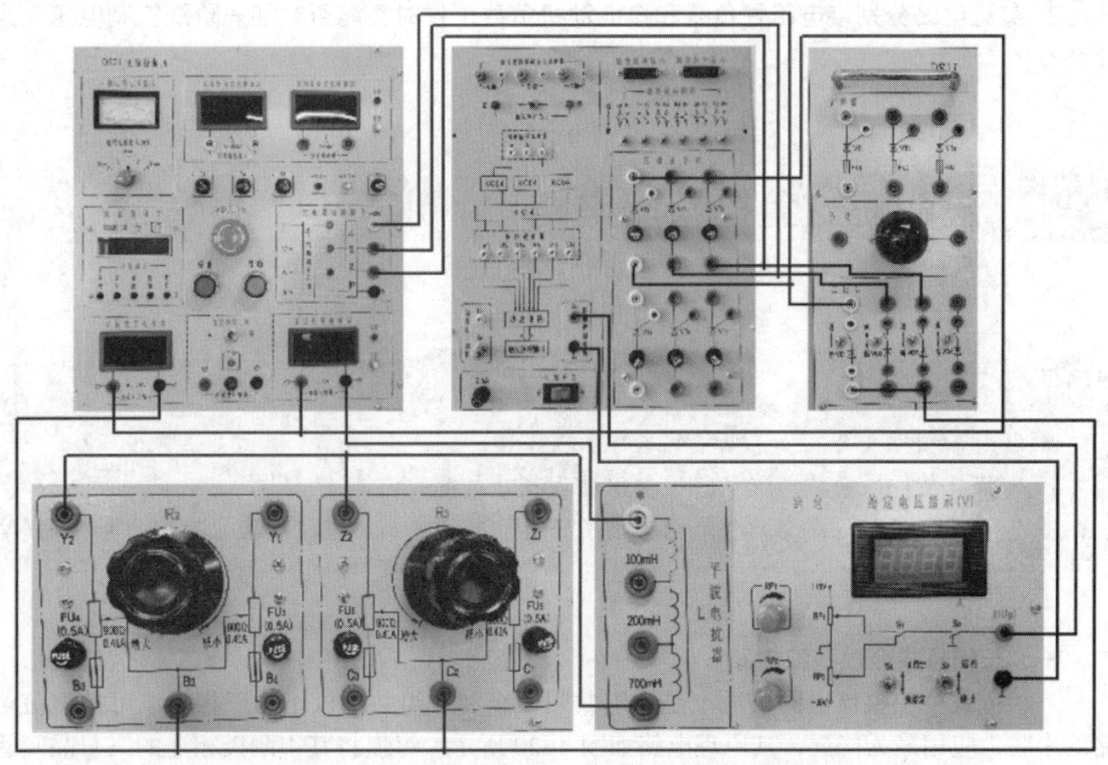

图 4–19 三相桥式半控整流电路接电感性负载的接线图

表 4–6 波形记录表

α	u_d 的波形	i_d 的波形	u_{VT} 的波形
30°			
60°			
90°			

五、实验报告

1. 绘制三相桥式半控整流实验整流电路接电阻性负载时，输出电压 u_d、输出电流 i_d 及晶闸管两端电压 u_{VT} 的波形图。

2. 绘制三相桥式半控整流实验整流电路接电感性负载 α=60° 和 α=90° 时，u_d、i_d 及 u_{VT} 的波形图。

整流电路与三相电源连接时，一定要注意相序，必须一一对应。

思考与练习

1. 为什么说三相桥式半控整流电路接电动机负载和接电阻性负载时，在工作上有很大差别？

2. 实验电路分别接电阻性负载和接电动机负载工作时，能否突加一阶跃控制电压，为什么?

§4-3 三相桥式全控整流电路

学习目标

1. 理解三相桥式全控整流电路的工作原理
2. 掌握三相桥式全控整流电路接电阻性负载时电量的计算
3. 能够绘制三相桥式全控整流电路接不同负载时的波形（包括晶闸管两端的电压波形）

一、三相桥式全控整流电路

三相桥式全控整流电路实质上是一组共阴极组和一组共阳极组的三相半波可控整流电路的串联，应用最为广泛，其原理电路如图 4–20 所示。习惯将其中阴极相连的三只晶闸管（VT1、VT3、VT5）称为共阴极组，阳极相连的三只晶闸管（VT4、VT6、VT2）称为共阳极组。

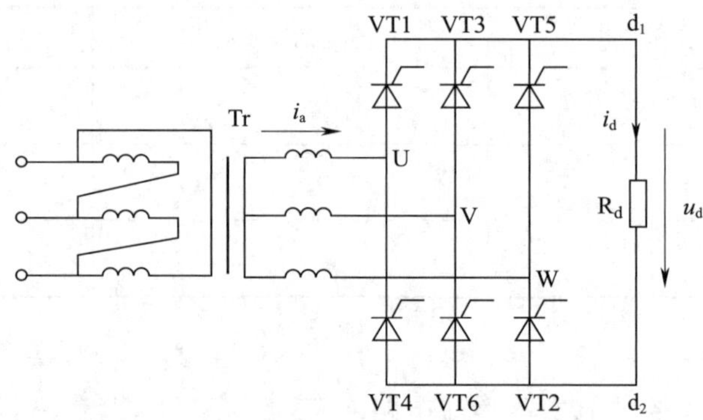

图 4–20　三相桥式全控整流原理电路

1. 接电阻性负载的工作情况

（1）工作原理

假设将电路中的晶闸管换作二极管进行分析，对于共阴极组的三只晶闸管，阳极所接交流电压值最大的一只导通；对于共阳极组的三只晶闸管，阴极所接交流电压值最低（负向电压值最大）的一只导通。

任意时刻共阳极组和共阴极组中都各有一只晶闸管处于导通状态，从相电压波形看，共阴极组晶闸管导通时，u_{d1} 为相电压的正包络线，共阳极组导通时，u_{d2} 为相电压的负包络线，u_d=u_{d1}−u_{d2} 是两者的差值，为线电压在正半周的包络线。直接从线电压波形看，u_d 为线电压中最大的一个，因此 u_d 的波形为线电压的包络线。

三相桥式全控整流电路中有两只晶闸管同时导通形成供电回路，其中共阴极组和共阳极组各一只，且不能为同一相器件。

共阴极组 VT1、VT3、VT5 的脉冲依次差 120°，共阳极组 VT4、VT6、VT2 也依次差 120°，同一相的上下两个桥臂，即 VT1 与 VT4、VT3 与 VT6、VT5 与 VT2，脉冲相差 180°。表 4–7 是三相桥式全控整流电路接电阻性负载且 α=0° 时，晶闸管的工作情况。

表 4–7　　三相桥式全控整流电路接电阻性负载 α=0° 时晶闸管工作情况

时段	Ⅰ	Ⅱ	Ⅲ	Ⅳ	Ⅴ	Ⅵ
共阴极组中导通的晶闸管	VT1	VT1	VT3	VT3	VT5	VT5
共阳极组中导通的晶闸管	VT6	VT2	VT2	VT4	VT4	VT6
整流输出电压 u_d	$u_U-u_V=u_{UV}$	$u_U-u_W=u_{UW}$	$u_V-u_W=u_{VW}$	$u_V-u_U=u_{VU}$	$u_W-u_U=u_{WU}$	$u_W-u_V=u_{WV}$

从表 4–7 可以看出，整流输出电压 u_d 一个周期脉动六次，每次脉动的波形都一样，故该电路为六脉波整流电路。

晶闸管承受的电压波形与三相半波可控整流电路相同，晶闸管承受最大正反向电压的关系也相同。α=30° 时的工作情况：从 ωt_1 开始把一个周期等分为六段，u_d 波形仍由六段线电压构成，每一段导通的晶闸管编号仍符合表 4–7 的规律，区别在于晶闸管导通起始的时刻推迟了 30°，因此组成 u_d 的每一段线电压也推迟 30°，u_d 平均值降低。α=60° 时的工作情况：u_d 波形中每段线电压的波形继续后移，u_d 平均值继续降低；α=60° 时 u_d 出现零点。图 4–21、图 4–22、图 4–23、图 4–24 分别为电路接电阻性负载，α=0°、30°、60°、90° 时，输出电压、输出电流和晶闸管两端电压的工作波形。

表 4–8 为三相桥式全控整流电路接电阻性负载时的输出电压和晶闸管两端电压的实测波形。

从以上分析，可得出结论：

电路接电阻性负载，当 $\alpha \leqslant 60°$ 时，u_d 波形均连续，i_d 波形与 u_d 波形形状一样；当 α>60° 时，u_d 波形每 60° 中有一段为零，u_d 波形不会出现负值。接电阻性负载时，三相桥式全控整流电路 α 角的移相范围是 0° ~ 120°。

（2）参数计算

1）当 $\alpha \leqslant 60°$ 时，负载电流连续，整流输出电压的平均值为

$$U_d=2.34U_2\cos\alpha \tag{4–16}$$

2）当 α>60° 时，负载电流不连续，整流输出电压的平均值为

$$U_d=2.34U_2\left[1+\cos\left(\frac{\pi}{3}+\alpha\right)\right] \tag{4–17}$$

3）晶闸管承受的最大正反向电压为

$$U_{FM}=U_{RM}=\sqrt{6}U_2 \tag{4–18}$$

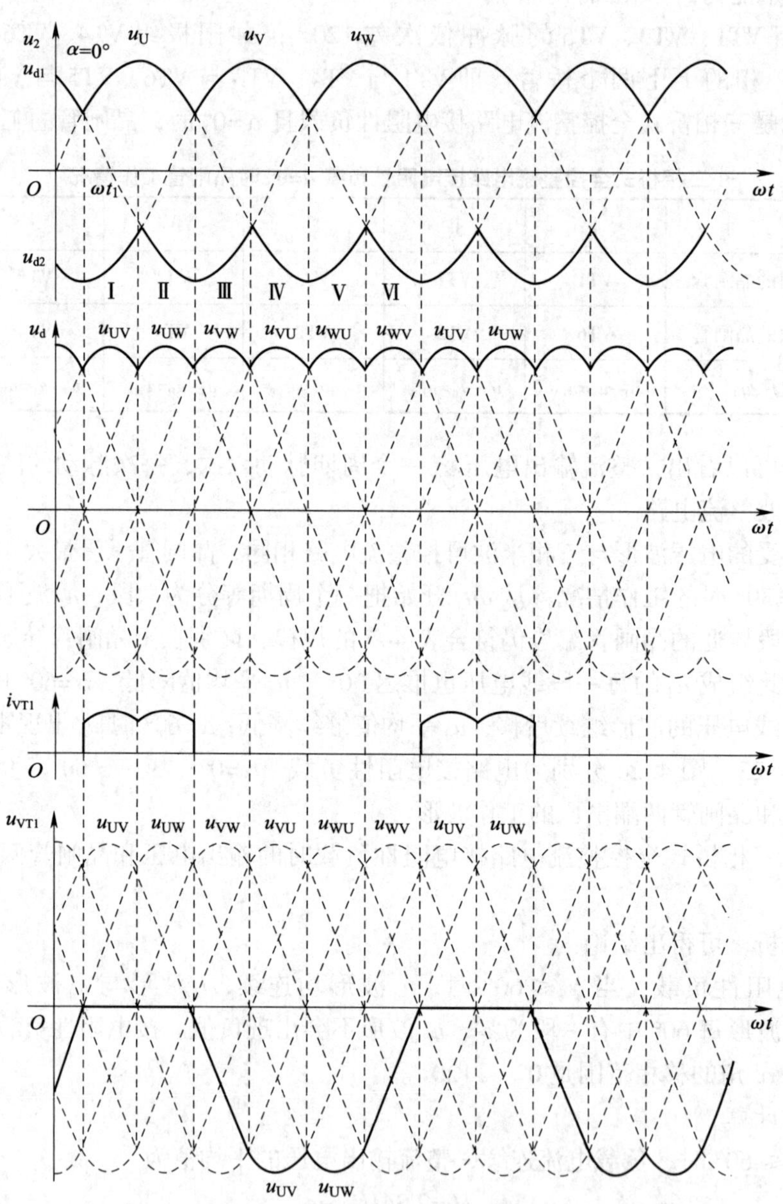

图 4-21　三相桥式全控整流电路接电阻性负载 α=0° 时的工作波形

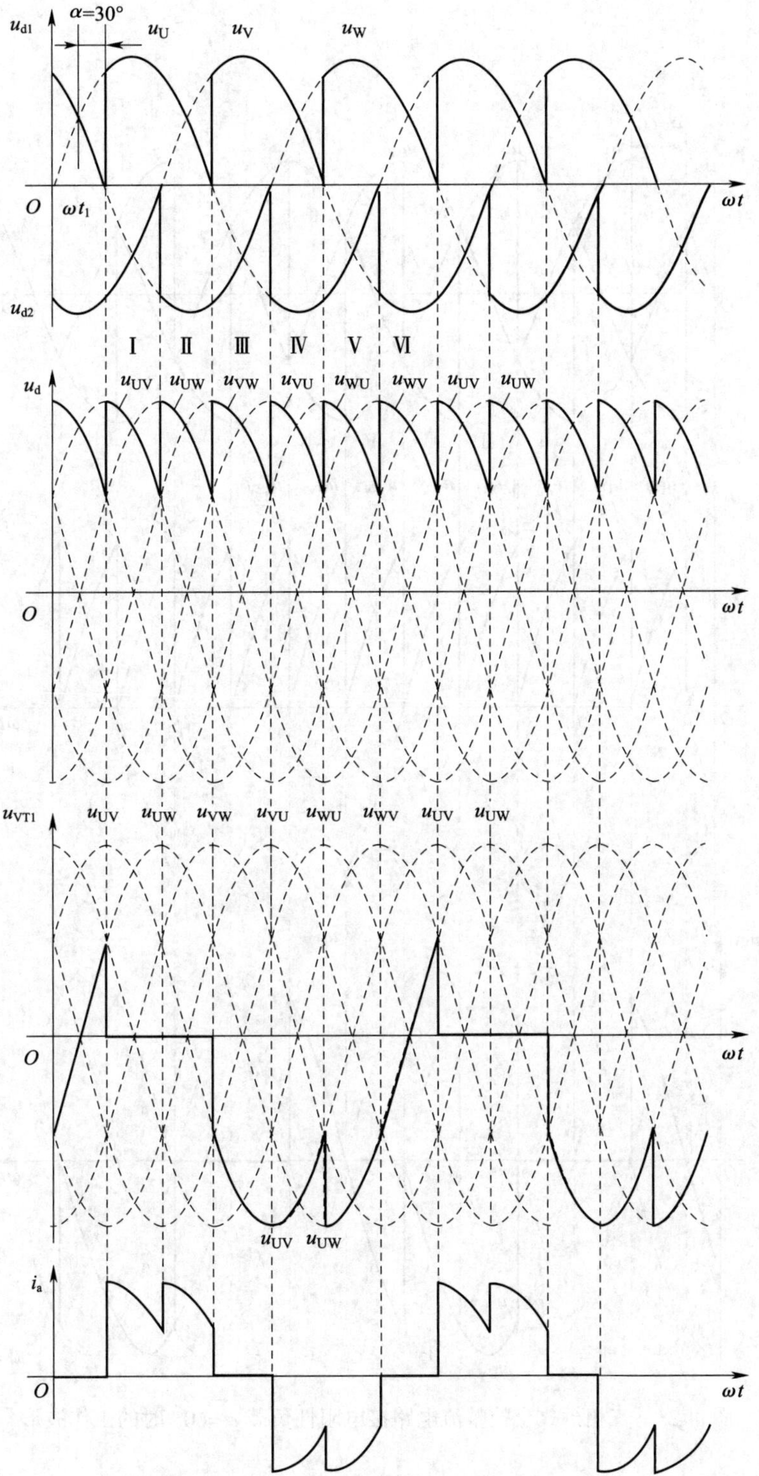

图 4-22　三相桥式全控整流电路接电阻性负载 α=30° 时的工作波形

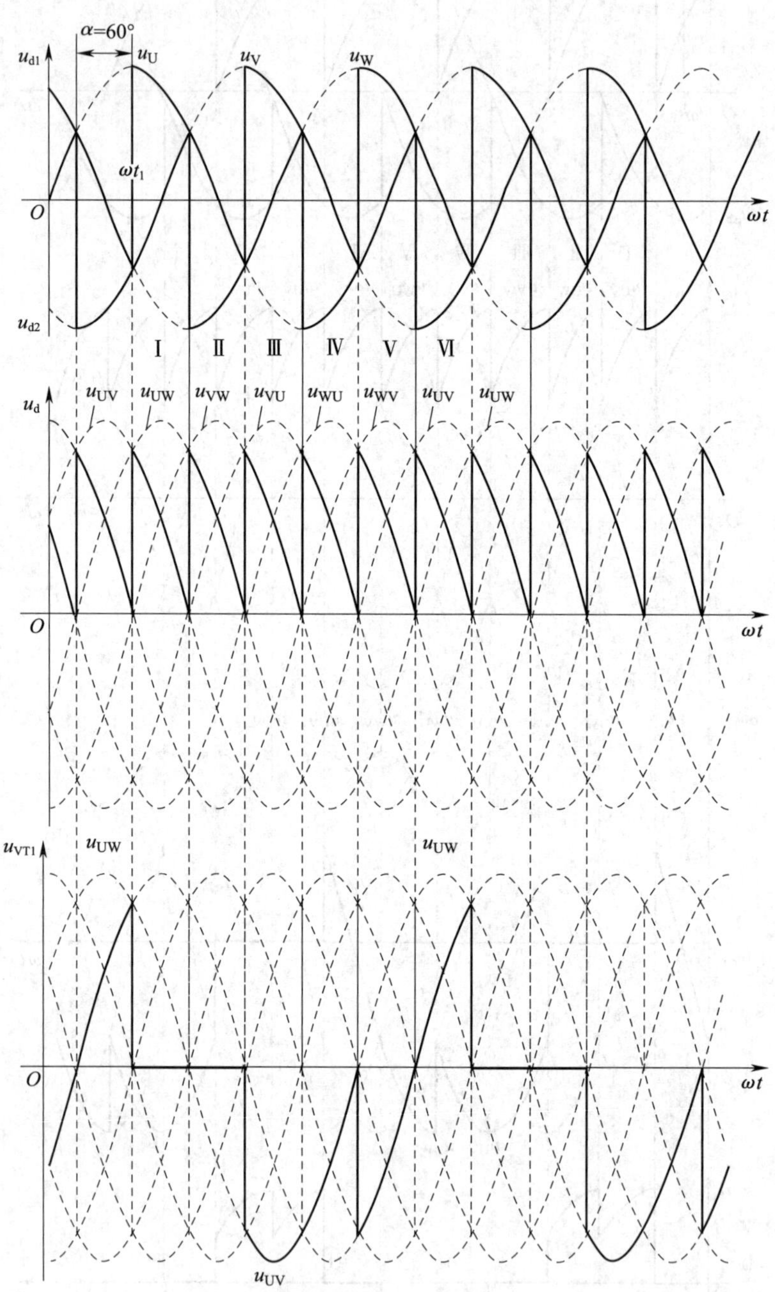

图 4-23　三相桥式全控整流电路接电阻性负载 α=60° 时的工作波形

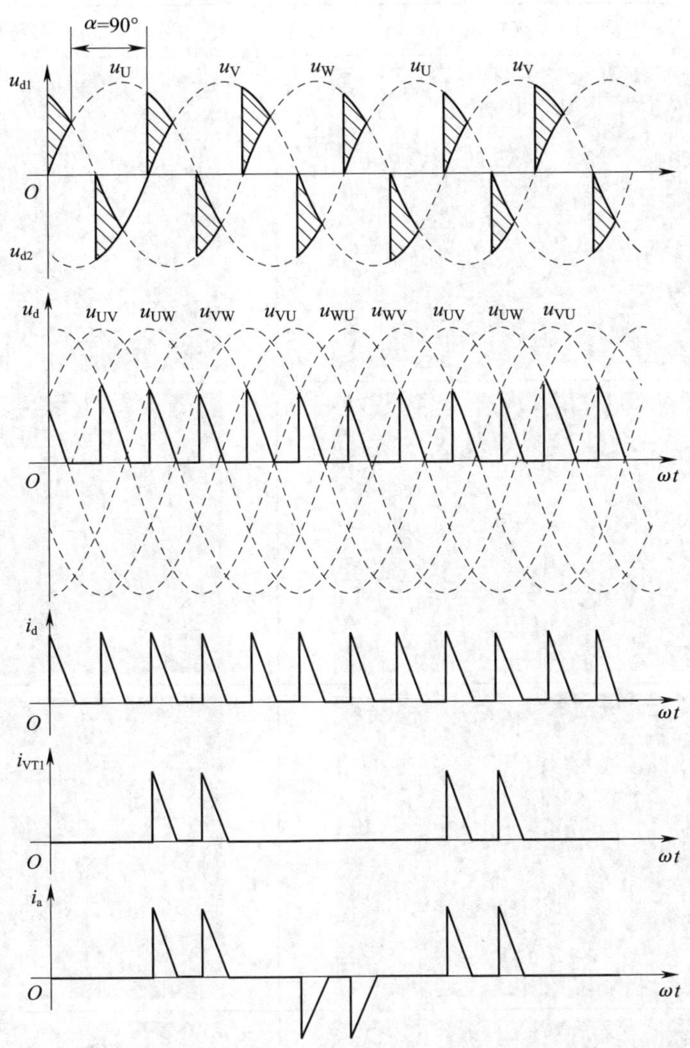

图 4–24　三相桥式全控整流电路接电阻性负载 α=90° 时的工作波形

表 4–8　　三相桥式全控整流电路接电阻性负载时的输出电压和晶闸管两端电压的实测波形

α	U_d 实测波形	u_{VT} 实测波形
0°		

续表

α	U_d 实测波形	u_{VT} 实测波形
30°	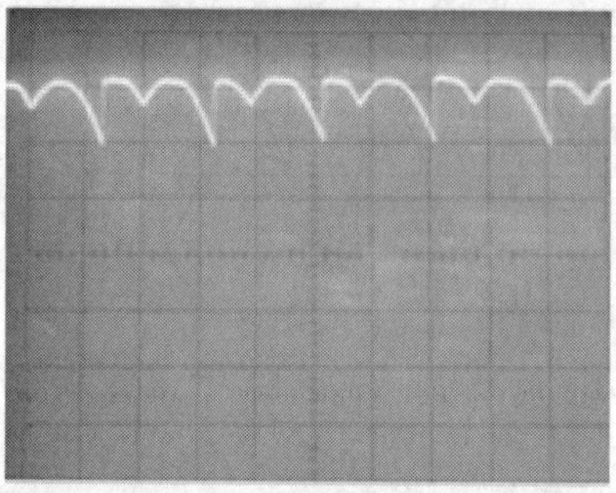	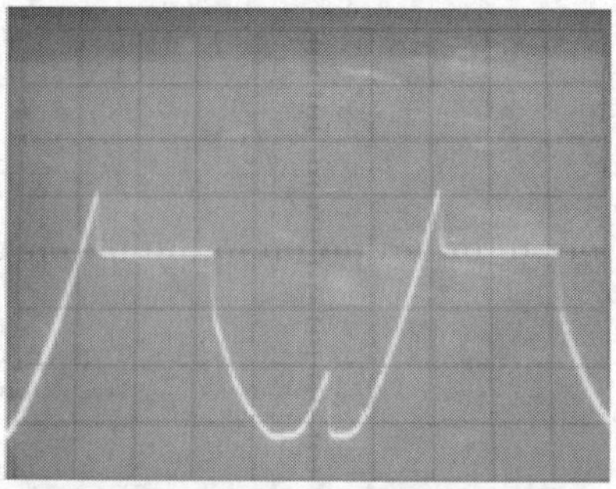
60°	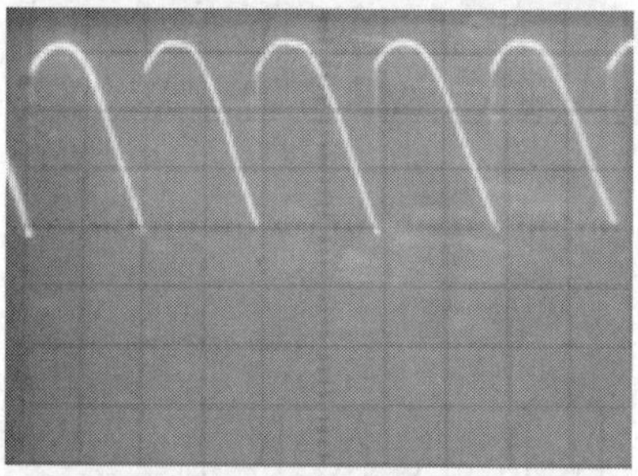	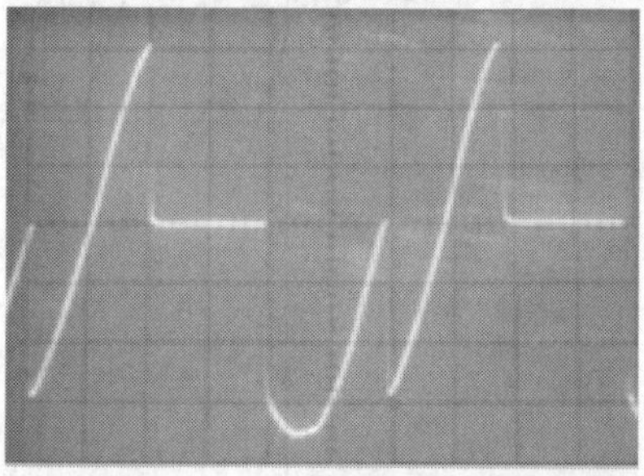
90°	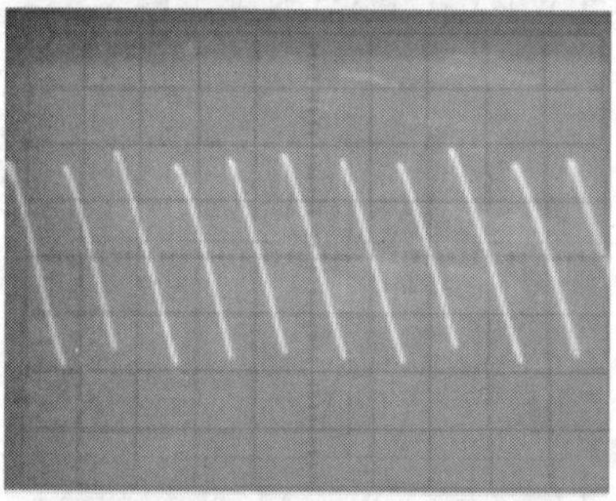	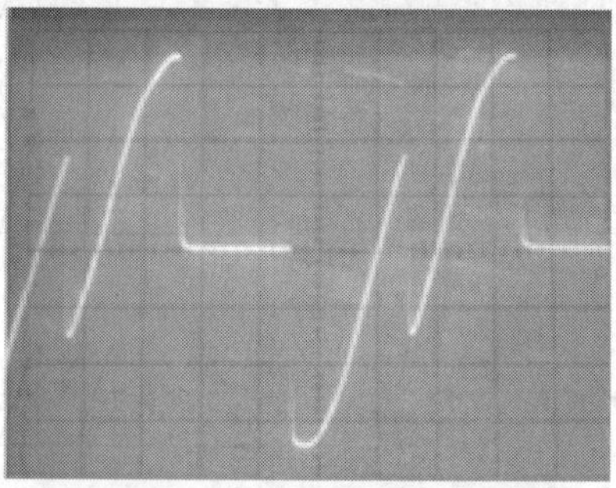
120°	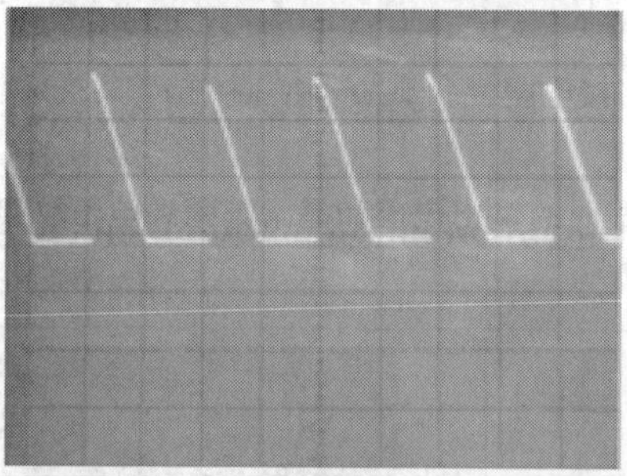	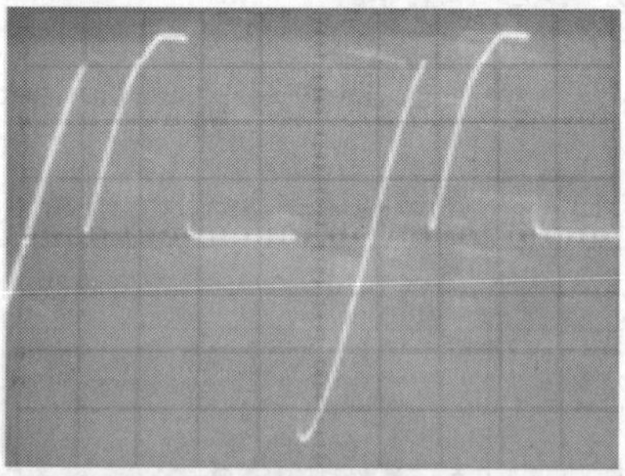
150°	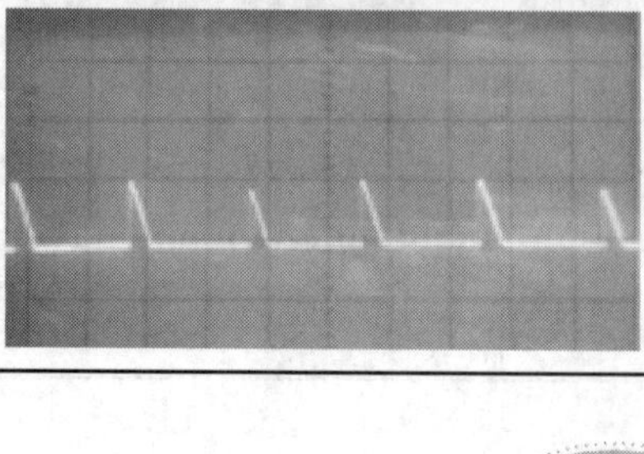	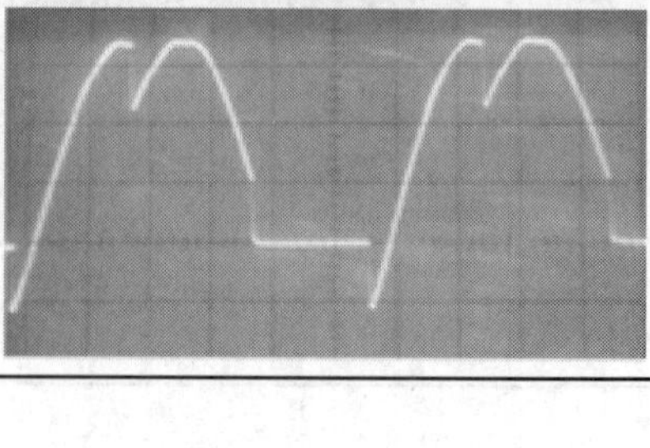

2. 接电感性负载时的工作情况

三相桥式全控整流电路接电感性负载，当 $\alpha \leqslant 60°$ 时，u_d 波形连续，工作情况与接电阻性负载时相似，各晶闸管的通断情况、输出整流电压 u_d 的波形、晶闸管承受的电压波形等都一样。区别在于：由于负载不同，同样的整流输出电压加到负载上，得到的负载电流 i_d 波形不同。电阻性负载时 i_d 波形与 u_d 波形形状一样，而电感性负载时，由于电感的作用，使得负载电流波形变得平直，当电感足够大时，负载电流的波形可近似为一条水平线。当 α>60° 时，电路接电感性负载的工作情况与接电阻性负载时不同，接电阻性负载时 u_d 的波形不会出现负值部分，而接电感性负载时，由于电感的作用，u_d 的波形会出现负值部分。当 α=90° 时，若电感量足够大，输出电压 u_d 正负面积将基本相等，因此接电感性负载时，三相桥式全控整流电路的 α 角移相范围为 0° ~ 90°。图 4–25、图 4–26 分别为三相桥式全控整流电路接电感性负载，α=30°、90° 时，输出电压、输出电流和晶闸管两端电压的工作波形。

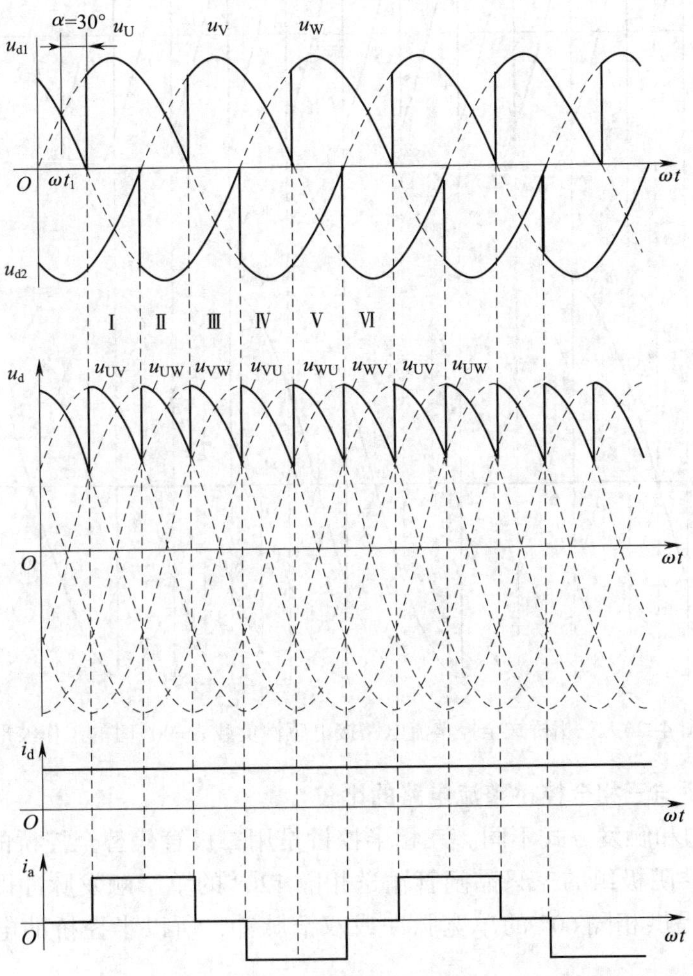

图 4–25　三相桥式全控整流电路接电感性负载 α=30° 时的工作波形

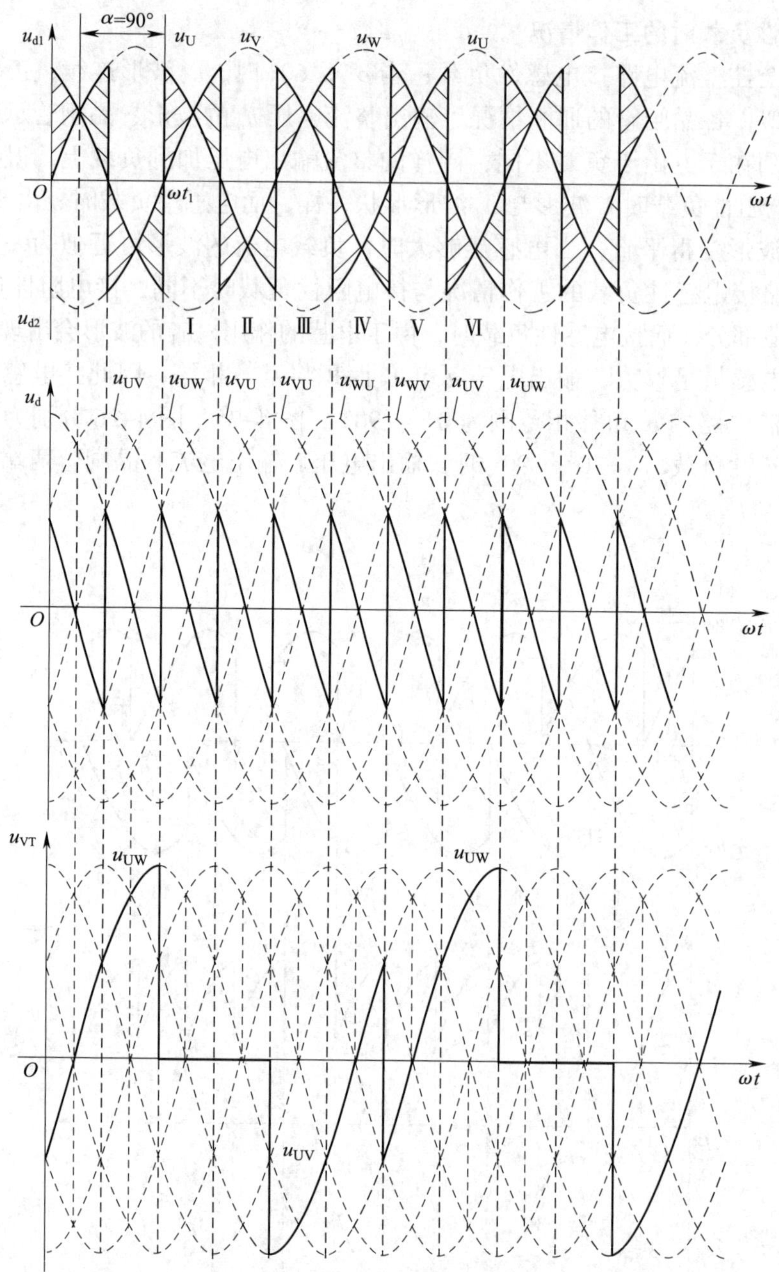

图 4-26　三相桥式全控整流电路接电感性负载 α=90° 时的工作波形

3. 三相半控桥与三相全控桥整流电路的比较

（1）电路结构和触发方式不同。三相半控桥是用二极管代替全控桥的三个晶闸管，触发电路只需要给共阴极组的三只晶闸管输送相隔 120° 的单窄触发脉冲即可；而全控桥则要向六只晶闸管提供相隔 60° 的单宽脉冲或双窄脉冲，所以半控桥的电路较为简单，成本低。

（2）输出电压的脉动、平波电抗器的电感量不同。在控制角 α 较大时，半控桥输出电压脉动大、频率低（为 150 Hz），全控桥脉动小、频率高（为 300 Hz）。因此，半控桥要求平波电抗器的电感量要大。

（3）控制滞后时间及用途不同。半控桥触发脉冲间隔为 120°（为 6.6 ms），全控桥触发脉冲间隔为 60°（为 3.3 ms），所以全控桥动态快，调整及时，同时，由于全控桥可以实现有源逆变，所以常用于大功率直流电动机可逆无级调速系统和对整流要求较高的可控整流设备中。半控桥由于有二极管，无法实现有源逆变，所以一般只能用于直流电动机不可逆无级调速系统和一般性电阻负载的可控整流设备中。

实验与实训 10　三相桥式全控整流电路实验

一、实验目的

1. 加深理解三相桥式全控整流电路的工作原理。
2. 了解 KC 系列集成触发器的调整方法和各点的波形。

二、实验器材

实验所需器材明细见表 4–9。

表 4–9　实验器材明细

序号	名称	型号	备注
1	电源控制屏	DS01	包含“三相电源输出”“励磁电源”“给定”等模块
2	晶闸管主电路	DS03	包含“触发电路”“正桥功放”“反桥功放”等模块
3	实验元器件	DS17	包含“二极管”等模块
4	变压器、可调电阻		
5	双踪示波器		自备
6	万用表		自备

三、实验电路及原理

三相桥式全控整流实验原理电路如图 4–27 所示。主电路由三相全控整流电路组成，触发电路为 DS03 中的集成触发电路，由 KCO4、KC4l、KC42 等集成芯片组成，可输出经高频调制后的双窄脉冲链。集成触发电路的原理可参考第二章中的有关内容，三相桥式整流电路的工作原理可参见电力电子技术教材的有关内容。

图中 RP 用电源控制屏可调电阻器，将两个 900 Ω 变阻器接成并联形式；电感 L_d 在电源控制屏面板上选用 700 mH 的平波电抗器，直流电压表、直流电流表由电源控制屏获取。

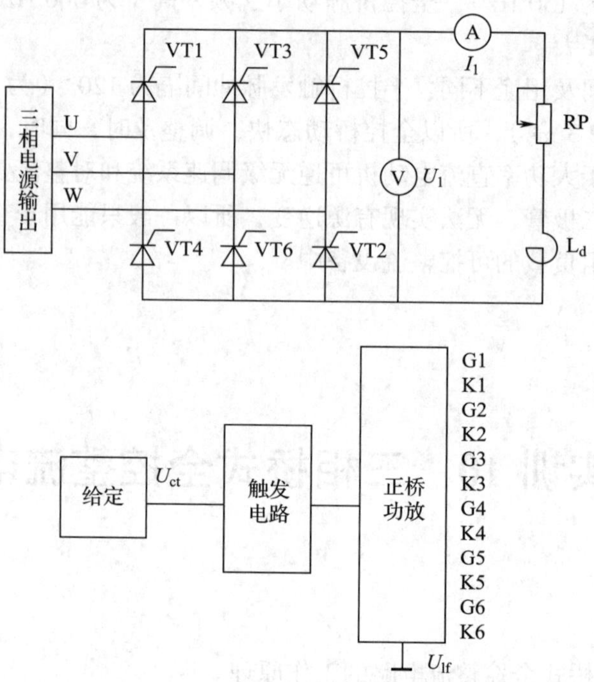

图 4–27　三相桥式全控整流实验原理电路

四、实验内容与步骤

1. DS03 的“触发电路”调试

①打开 DS01 总电源开关，操作“电源控制屏”上的“三相电网电压指示”切换开关，观察输入的三相电网电压是否平衡。

②用 12 芯电源线连接控制屏电源，打开 DS03 电源开关，拨动“触发脉冲指示”钮子开关，使“窄”的发光管亮起。

③观察 A、B、C 三相的锯齿波，并调节 A、B、C 三相锯齿波斜率调节电位器（在各观测孔左侧），使三相锯齿波斜率尽可能一致。

④将电源控制屏的上的“给定”输出 U_g 直接与 DS03 上的移相控制电压 U_{ct} 相连，将给定开关 S2 拨到接地位置（即 $U_{ct}=0$），调节 DS03 上的偏移电压电位器，用双踪示波器观察 a 相同步电压信号和“脉冲观察孔”VT1 的输出波形，使 $\alpha=170°$。

⑤适当增加给定电压 U_g 的正向电压输出，观测 DS03 上“脉冲观察孔”的波形，此时应能观测到双窄脉冲。

⑥将 DS03 的“触发脉冲输出”端和“触发脉冲输入”端相连，并将 DS03“触发脉冲控制”的六个开关拨至“通”，观察正桥 VT1 ~ VT6 晶闸管门极和阴极之间的触发脉冲是否正常。

2. 三相桥式全控整流电路测试

按图 4–28 接线，将电源控制屏上的给定输出调到零（逆时针旋到底），负载电阻调至最大阻值，按下“启动”按钮。调节给定电位器，增加移相电压，使 α 在 0° ~ 120° 范围内调节，同时，根据需要不断调整负载电阻 RP，使得负载电流 i_d 保持在 0.6 A 左右（注意不得超过 0.65 A）。用示波器观察 α=0°、30°、60°、90° 时，整流输出电压 u_d 和晶闸管两端电压 u_{VT} 的波形，并绘制在表 4–10 中；测量相应电源电压 U_2 和负载电压 U_d 的值，并将数据记录在表 4–11 中。

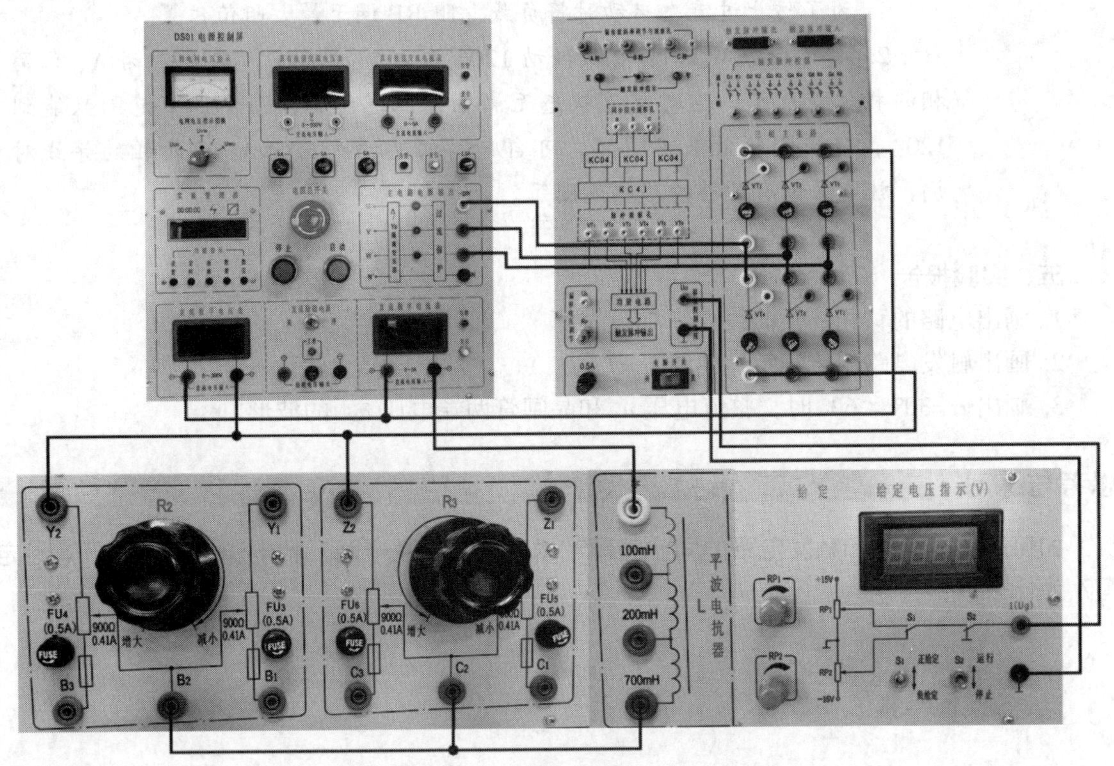

图 4–28　三相桥式全控整流电路接线图

表 4–10　　波形记录表

α	u_d 的波形	u_{VT} 的波形
0°		
30°		
60°		
90°		

表 4–11　　数据记录表

α	0°	30°	60°	90°
U_2/V				
U_d（记录值）/V				
U_d/U_2				
U_d（计算值）/V				

计算公式：$U_d=2.34U_2\cos\alpha$（0°～60°）

$$U_d=2.34U_2\left[1+\cos\left(\alpha+\frac{\pi}{3}\right)\right]（60°～120°）$$

1. 为了防止过流，启动时将负载电阻RP调至最大阻值位置。

2. 有时会发现脉冲相位移动120°左右就消失了，这是因为A、C两相的相位接反了，这对整流状态无影响，但逆变时，由于调节范围只能到120°，会使实验效果不明显，可自行将四芯插头内的A、C两相的导线对调，就能保证有足够的移相范围了。

五、实验报告

1. 画出电路的移相特性曲线 $u_d=f(\alpha)$。
2. 画出触发电路的传输特性曲线 $\alpha=f(U_{ct})$。
3. 画出 α=30°、60°时，整流电压 u_d 和晶闸管两端电压 u_{VT} 的波形。

思考与练习

如何解决主电路和触发电路的同步问题？本实验中，主电路三相电源的相序可任意设定吗？为什么？

第五章 有源逆变电路

前面学习的是交流电变直流电的整流过程，而某些场合需要将直流电变交流电，即直流电→逆变器→交流电→用电器（或交流电网），这个过程称为逆变。

逆变电路在生产和生活中应用非常广泛。例如，电力、通信行业中，固定式铅酸蓄电池和阀控式密封铅酸蓄电池的每组容量均在 100 ~ 3 000 Ah，检修维护时，要采用电阻器或相控（晶闸管）有源逆变蓄电池放电。有源逆变蓄电池放电装置是一种能将直流电转变为交流电并返回电网的装置，具有安全、易控、节能、准确度高等优点，如图 5-1 所示。

此外，我国正在发展的特高压直流输电技术，图 5-2 所示，能跨越江河湖海为超远距离地区输送大容量电能，而远距离送电的最后一程，是要将直流电转换为交流电，这也需要用到逆变电路。还有在绕线式异步电动机的串级调速装置中，转子电能也是通过逆变的方式被回送电网的。

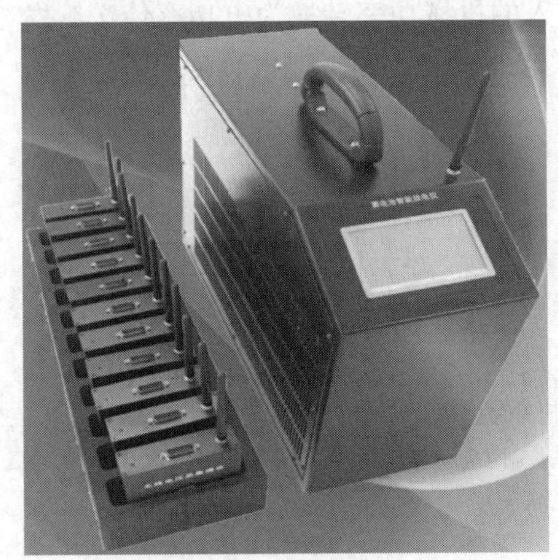

图 5-1　有源逆变蓄电池放电装置

图 5-2　特高压直流输电技术

§5-1 单相有源逆变电路

学习目标

1. 了解有源逆变和无源逆变的概念
2. 了解逆变电路的能量关系
3. 掌握单相有源逆变电路的基本原理及逆变角 β 的定义方法

一、有源逆变和无源逆变

逆变电路分为有源逆变与无源逆变，有源逆变的过程是：直流电→逆变器→交流电→交流电网，这种将直流电变换为和电网同频率的交流电并返送到交流电网的过程称为有源逆变。无源逆变的过程是：直流电→逆变器→交流电（频率可调）→用电器，这种将直流电逆变为某一频率或可变频率的交流电直接供负载使用的过程称为无源逆变。

二、直流发电机—电动机系统的电能传递

图 5–3 是直流发电机—电动机系统，电机励磁回路没有画出。图 5–3a 中发电机向电动机供电，发电机电动势 E_G 大于电动机反电动势 E_M，电流 I_d 从发电机正端流向电动机反电动势正端，电流值 I_d=（E_G–E_M）/R_Σ（R_Σ是电路总电阻）。发电机送出的电功率 $P_G=E_GI_d$，电动机吸收的电功率 $P_M=E_MI_d$ 转变为轴上机械功率输出。图 5–3b 中电动机运行在发电制动状态，此时 E_M 大于 E_G，方向相对，电流倒流，电动机轴上输入的机械功率转换为电功率传送给发电机。图 5–3c 中发电机与电动机两个电动势顺向串联起来向 R_Σ供电，由于 R_Σ阻值很小，实际上是两个电源通过 R_Σ形成短路，这是不允许的。

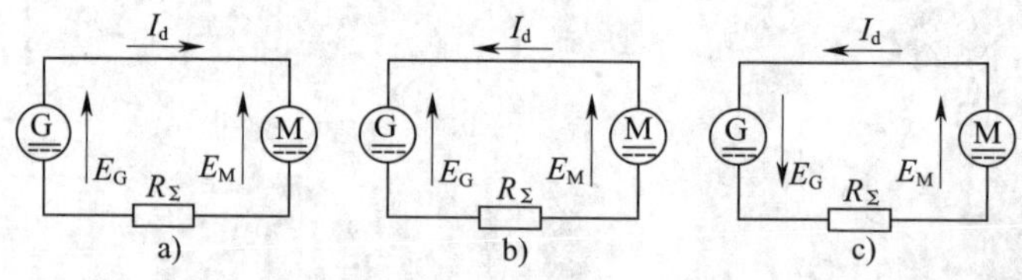

图 5–3 直流发电机—电动机系统

a）两电动势同极性 $E_G>E_M$ b）两电动势同极性 $E_M>E_G$ c）两电动势反极性，形成短路

三、有源逆变的工作原理

1. 逆变的产生条件

以单相桥式可控整流电路代替发电机给电动机供电，如图 5–4a 所示。图中有两组桥式整流电路，假定首先将开关 S 掷向位置 1，使 Ⅰ 组晶闸管的控制角 α_1<90°，其波形如图 5–4b 所示，输出电压 u_{d1} 的极性为上正下负，电动机处于电动运行状态，流过电枢的电

流为 i_1，电动机的反电动势为 E。此时Ⅰ组晶闸管处于整流状态，从电网供出能量，电动机工作在电动状态，吸收晶闸管整流装置提供的电能转变为机械能，这种情况与图 5-3a 所示情况一致。

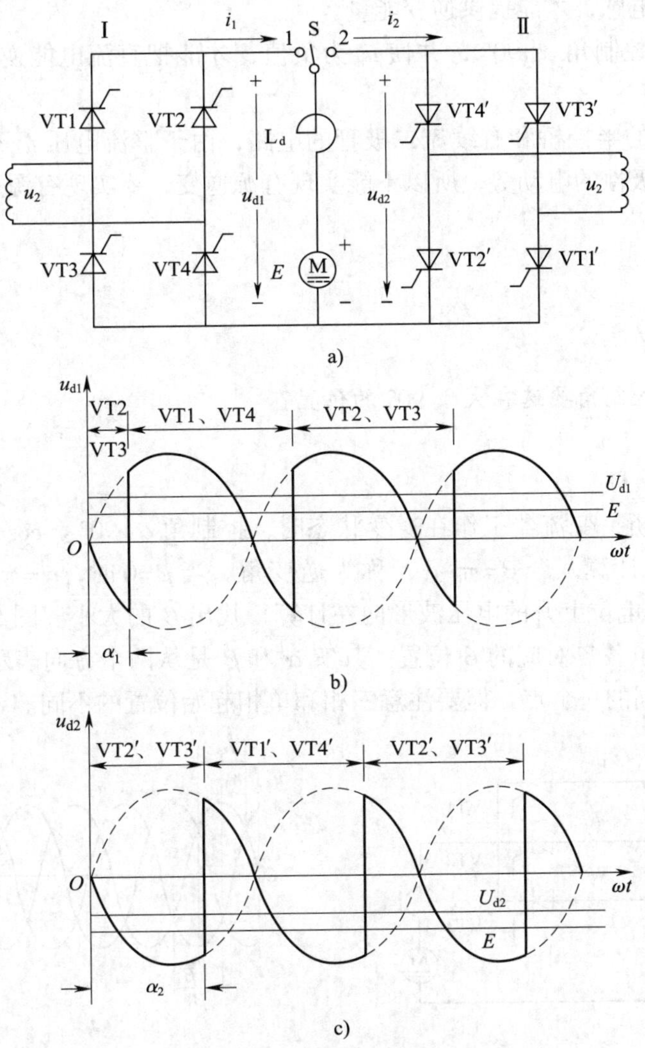

图 5-4　有源逆变原理示意图

当开关 S 掷向位置 2，并使Ⅱ组晶闸管的触发脉冲 $\alpha_{Ⅱ}>90°$ 时，其波形如图 5-4c 所示，此时 u_{d2} 极性为负，即上正下负。由于电动机的机械惯性，电动机的转速与方向未变，反电动势 E 也不变，Ⅱ组晶闸管在 E 和 u_{d2} 作用下，产生电流 i_2，方向如图 5-4a 所示。这时电动机电枢电流反向，运行在发电制动状态，输出电能，Ⅱ组晶闸管吸收电能送回交流电网，这就是有源逆变，这种情况与图 5-3b 所示情况一致。

如果开关 S 掷向位置 2，Ⅱ组晶闸管的触发脉冲 $\alpha_{Ⅱ}<90°$，u_{d2} 极性为正，即上负下正，相当于 E 与 u_{d2} 反极性串联，都供出能量施加在回路电阻上。由于回路电阻很小，此时会产生很大的回路电流，相当于短路，会造成事故，这种情况与图 5-3c 所示情况

一致。

通过以上分析可以发现，现实中有源逆变必须同时满足两个条件：

（1）要有直流电动势，其极性和晶闸管导通方向一致，且其值大于变流器直流侧平均电压，电路中串入大电感，才能提供逆变能量。

（2）晶闸管的控制角 $\alpha>90°$，并使 u_d 为负值，才能把直流电能逆变为交流电能返送。电网。

回顾前面学过的半控桥和有续流二极管的电路，由于整流电压 u_d 不能出现负值，也不允许直流侧出现负极性的电动势，所以不能实现有源逆变，要实现有源逆变，只能采用晶闸管全控电路。

为什么逆变时控制角要选在大于 90° 的位置？

2. 逆变角

通过上面的分析，变流器工作在逆变状态时，控制角 $\alpha>90°$，$\cos\alpha<0$，平均输出电压 U_d 为负值。为便于计算，令 $\beta=\pi-\alpha$，称为逆变角。当 $\beta=0$ 时，$\alpha=\pi$，所以 β 的起点在 $\alpha=\pi$ 处，然后顺着电位上升的电压波形向左计算，找出 β 的大小。图 5-5 画出了两种不同的控制角，并标出了各自对应的 β 位置。其实 α 和 β 是从两个方向表示晶闸管的触发导通时刻，表示的是相同的一个点，但要注意三相和单相起始位置的不同。

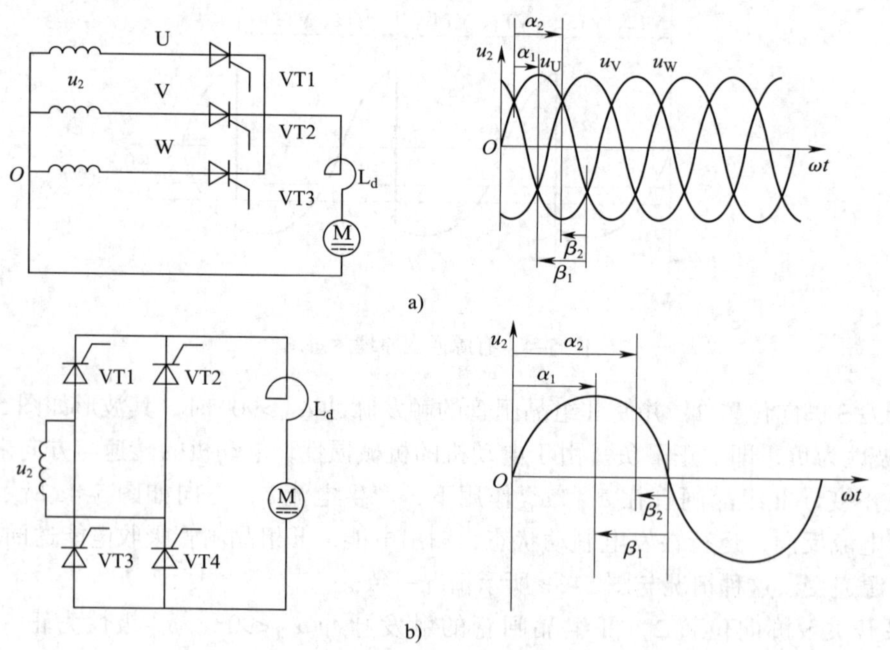

图 5-5　逆变角 β 的表示法

a）三相　b）单相

实验与实训 11　单相桥式有源逆变电路实验

一、实验目的

1. 理解单相桥式全控逆变电路的工作原理。
2. 研究单相桥式变流电路逆变的过程，掌握实现有源逆变的条件。
3. 掌握逆变失败的原因及预防方法。

二、实验器材

实验所需器材明细见表 5–1。

表 5–1　　**实验器材明细**

序号	名称	型号	备注
1	电源控制屏	DS01	包含“三相电源输出”“励磁电源”等模块
2	三相可控整流电路	DS03	包含“晶闸管”等模块
3	晶闸管触发电路	DS05	包含“锯齿波同步触发电路”模块
4	DS17 实验元器件		包含“二极管”等模块
5	变压器、可调电阻		
6	双踪示波器		自备
7	万用表		自备

三、实验电路及原理

单相桥式有源逆变实验原理电路如图 5–6 所示。两组锯齿波同步移相触发电路均在 DS05 挂件上，它们由同一个同步变压器保持与输入电压同步；锯齿波触发脉冲 G1、K1 加到 VT1 的门极和阴极，锯齿波触发脉冲 G4、K4 加到 VT6 的门极和阴极，锯齿波触发脉冲 G2、K2 加到 VT4 的门极和阴极，锯齿波触发脉冲 G3、K3 加到 VT3 的门极和阴极。晶闸管主电路的“触发脉冲输入”端不要接，将相应触发脉冲的钮子开关关闭以防止误触发。

三相电源经三相不可控整流，得到一个上负下正的直流电源，供逆变桥路使用，逆变桥路逆变出的交流电经升压变压器升压后返回电网。“三相不可控整流”是电源控制屏上的一个模块，其三相芯式变压器在此作升压变压器使用。从晶闸管逆变出的电压接三相芯式变压器的中压端 a、b，返回电网的电压从其高压端 A、B 输出。为了避免输出的逆变电压过高而损坏芯式变压器，将变压器接成Y/Y接法（三相电源输出的 U、V 端，连接到三相芯式变压器的 A、B 端，并一一对应；三相芯式变压器的 X、Y 用导线短接，三相芯式变压器的 a、b 分别接到晶闸管 VT1、VT3 的阳极，并一一对应，三相芯式变压器的 x、y 用导线短接）。图中的输出负载 RP 用电源控制屏三相可调电阻器，将两个 900 Ω 变阻器接成并联形式，电感 L_d 用电源控制屏面板上 700 mH 的平波电抗器，直流电压表、直流电流表均在电源控制屏面板上。触发电路采用 DS05 组件挂箱上的“锯齿波同步移相触发电路Ⅰ”和“锯齿波电路Ⅱ”。

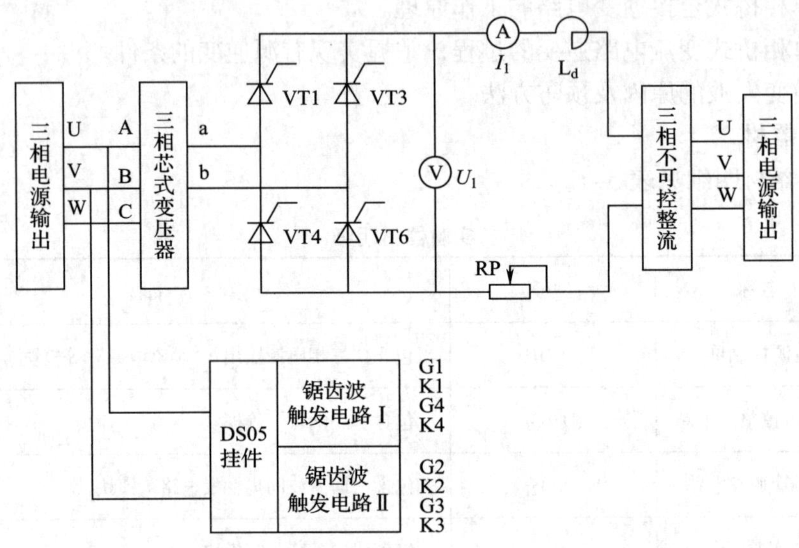

图 5-6　单相桥式有源逆变实验原理电路

四、实验内容与步骤

1. 触发电路的调试

调节 DS01 电源控制屏的输出线电压为 220 V。用两根导线将 220 V 交流电压接到 DS05 的“外接电源 ~ 220 V”端（将电源控制屏的“A”接到“外接电源 ~ 220 V”下端、“B”接到“外接电源 ~ 220 V”上端），按下“启动”按钮。打开 DS05 电源开关，用示波器观察锯齿波同步触发电路各观察孔的电压波形。

将控制电压 U_{ct} 调至零（将电位器 RP2 顺时针旋到底），观察同步电压信号和“6”点 u_6 的波形，调节偏移电压 U_b（调节电位器 RP3），使 $\alpha=180°$。

将锯齿波触发电路的输出脉冲端分别接至全控桥中相应晶闸管的门极和阴极，注意不要把相序接反，否则无法进行整流和逆变。将 DS03 上的正桥和反桥触发脉冲控制开关都打到“断”的位置，并使 U_{lf} 和 U_{lr} 悬空，确保晶闸管不被误触发。

2. 单相桥式有源逆变电路实验

按图 5-7 接线，将负载电阻调至阻值最大位置，按下“启动”按钮。保持 U_b 偏移电压不变（即 RP3 固定），逐渐增加 U_{ct}（调节 RP2），在 $\beta=30°$、60°、90° 时，观察逆变电流 i_d 和晶闸管两端电压 u_{VT} 的波形变化，测量相应电源电压 U_2 和负载电压 U_d 的值，并将数据记录在表 5-2 中。

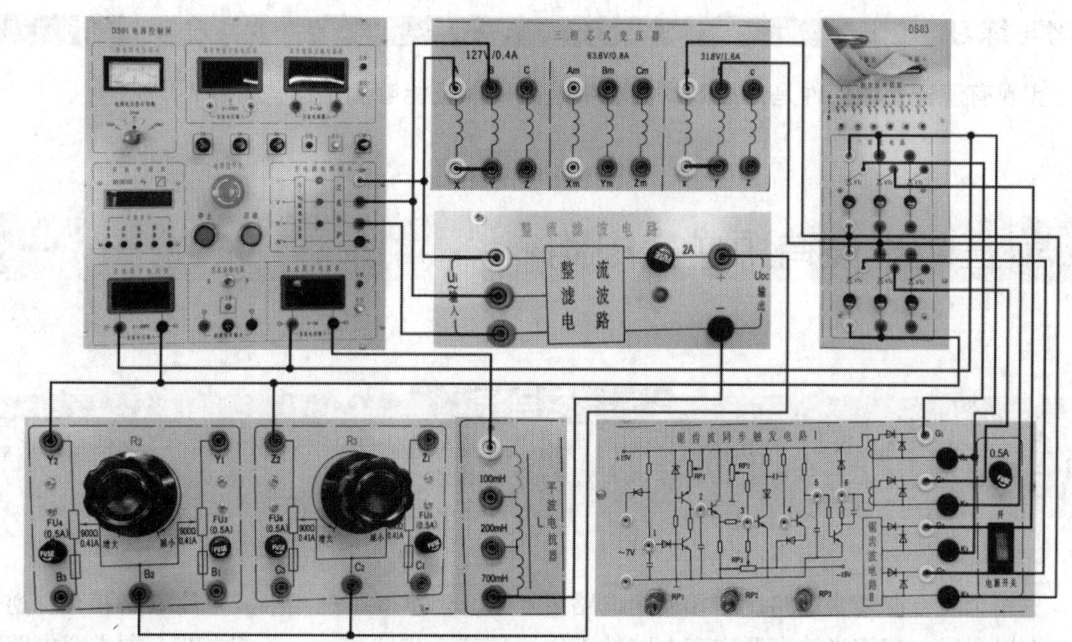

图 5–7　单相桥式有源逆变电路接线图

表 5–2　　数据记录表

β	30°	60°	90°
U_2/V			
U_d（记录值）/V			
U_d（计算值）/V			

3. 逆变失败现象的观察

调节 U_{ct}，使 α=150°，观察 u_d 波形。突然关断触发脉冲（可将触发信号撤去），用双踪示波器观察逆变失败现象，记录逆变失败时 u_d 的波形。

1. 本实验中，触发脉冲从外部接入 DS03 面板上晶闸管的门极和阴极，此时，应将晶闸管对应的正桥触发脉冲和反桥触发脉冲控制开关拨向“断”的位置，避免误触发。

2. 为了保证从逆变到整流不发生过流，其回路电阻 RP 应取比较大的值，但也要考虑到晶闸管的维持电流，保证可靠导通。

五、实验报告

1. 画出 α=30°、60° 时，u_d 和 u_{VT} 的波形。
2. 画出电路的移相特性曲线 u_d=f（α）。
3. 分析逆变失败的原因及逆变失败后会产生什么后果。

思考与练习

实现有源逆变的条件是什么？本实验中是如何保证能够满足这些条件？

§5-2 三相半波有源逆变电路

学习目标

掌握三相半波有源逆变电路的基本原理和分析方法

三相半波有源逆变电路比单相逆变电路要复杂，但掌握了三相半波整流电路和有源逆变的基本概念后，三相半波有源逆变电路的工作原理就不难理解了。三相半波有源逆变电路有共阴极和共阳极两种接法，其工作原理是相同的。

一、三相半波有源逆变电路及工作原理

三相半波有源逆变电路如图 5-8a 所示，为了方便分析三相半波有源逆变电路的工作原理，选取逆变角 β=60°。

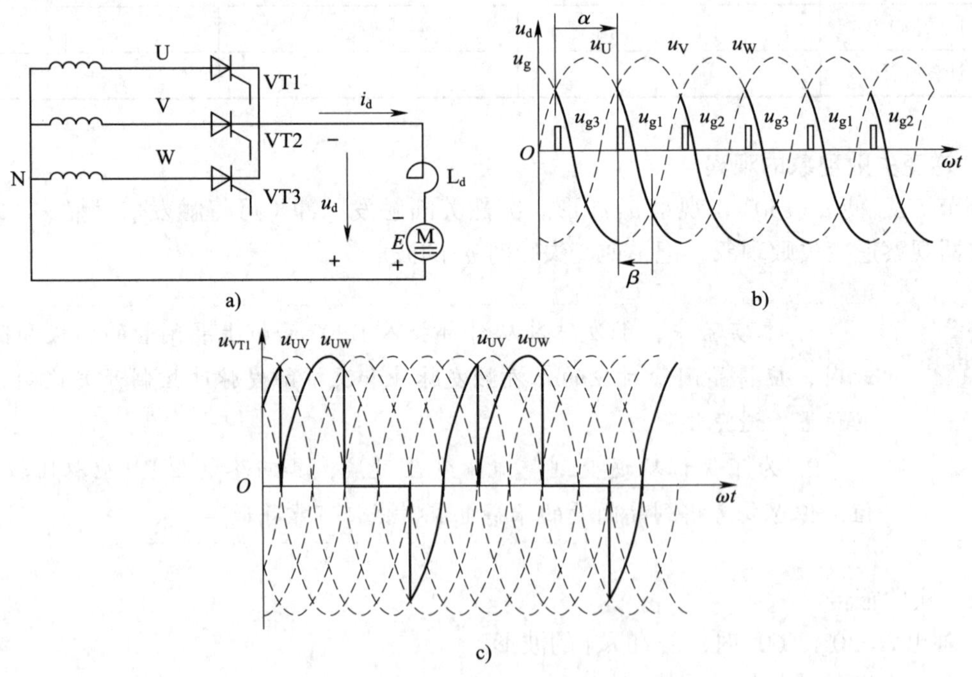

图 5-8　三相半波有源逆变电路及工作波形

a）电路图　b）u_d 和 u_g 波形图　c）u_{VT1} 波形图

当 β=60° 时，VT1 触发脉冲如图 5–8b 所示，此时 U 相电压 $u_U>0$，晶闸管满足导通条件，VT1 导通，先前导通的 VT3 承受反向电压关断，这与整流的情况一样，但相对中性一点，阳极处于高电位的晶闸管导通，形成反向电压去关断处于低电位的晶闸管。

要注意的是，如果在 $\beta<30°$ 往右的位置触发脉冲，尽管此时晶闸管 VT1 承受反向电源电压，但在整个电路中，晶闸管 VT1 承受正向电压 E，晶闸管导通条件得到满足，仍然能够导通，使电流流过晶闸管 VT1，同时有 $u_d=u_U$ 的电压输出。与整流一样，按照三相交流电源的相序依次换相，每只晶闸管导通 120°，u_d 的波形如图 5–8b 所示。

再分析晶闸管 VT1 两端的电压 u_{VT1}，VT1 导通期间，忽略管压降，其两端电压为零。当 u_{g2} 脉冲来临、晶闸管 VT2 导通时，V 相电压通过 VT2 加到 VT1 的阴极，在 VT2 导通期间，晶闸管 VT1 阳极与阴极之间承受的是线电压 u_{UV}；在 VT3 导通期间，晶闸管 VT1 的阳极、阴极之间承受的是线电压 u_{UW}，其两端电压波形如图 5–8c 所示。通过分析可以看出晶闸管承受的最大正反向电压为 $\sqrt{6}\,U_2$。

二、三相半波有源逆变电路各电量的计算

三相半波有源逆变电路各电量的计算总结如下：

1. 输出电压平均值

$$U_d=-1.17U_2\cos\beta \tag{5–1}$$

2. 输出电流平均值

$$I_d=\frac{U_d-E}{R_\Sigma} \tag{5–2}$$

式中 R_Σ 为回路总电阻。

3. 流过晶闸管的电流平均值

$$I_{dT}=\frac{1}{3}I_d \tag{5–3}$$

4. 流过晶闸管的电流有效值

$$I_T=\frac{I_d}{\sqrt{3}}\approx 0.577I_d \tag{5–4}$$

5. 流过变压器二次侧的电流有效值

$$I_2=\frac{I_d}{\sqrt{3}}\approx 0.577I_d \tag{5–5}$$

由晶闸管的单向导电性可知，逆变时电流的方向与整流时一样。通过电流的方向和电源的极性可以看出，电动机反电动势 E 输出直流电能，由晶闸管变换为与电源同频率的交流电能，经变压器升压后返送到电网中去，另一部分消耗在回路电阻上。

想一想

逆变时晶闸管 VT1 两端的电压波形与整流时有什么区别？

实验与实训 12 三相半波有源逆变电路实验

一、实验目的

研究三相半波有源逆变电路的工作原理，验证可控整流电路在有源逆变时的工作条件，并比较与整流工作时的区别。

二、实验器材

实验所需器材明细见表 5–3。

表 5–3 实验器材明细

序号	名称	型号	备注
1	电源控制屏	DS01	包含“三相电源输出”“励磁电源”“给定”等模块
2	晶闸管主电路	DS03	包含“触发电路”“正桥功放”“反桥功放”等模块
3	变压器、可调电阻		
4	双踪示波器		自备
5	万用表		自备

三、实验电路及原理

三相半波有源逆变实验原理电路如图 5–9 所示。晶闸管选用 DS03 上的正桥，电感 L_d 用电源控制屏上 700 mH 的平波电抗器，电阻 RP 选用电源控制屏可调电阻器，将两个 900 Ω 变阻器接成串联形式；直流电源用 DS01 上的励磁电源，其中电源控制屏中的三相芯式变压器作升压变压器使用，变压器接成Y/Y接法（三相电源的输出端 U、V、W 连接到三相芯式变压器的 A、B、C 端，并一一对应；三相芯式变压器的 X、Y、Z 用导线短接并与“N”相连接；三相芯式变压器的 a、b、c 分别接晶闸管 VT1、VT3、VT5 的阳极，并一一对应；三相芯式变压器的 x、y、z 用导线短接并与“N”相连接），返回电网的电压从高压端 U、V、W 输出。直流电压表、直流电流表均在电源控制屏上。

四、实验内容与步骤

1. DS03 的“触发电路”调试

①打开 DS01 总电源开关，操作“电源控制屏”上的“三相电网电压指示”切换开关，观察输入的三相电网电压是否平衡。

②用 12 芯电源线连接控制屏电源，打开 DS03 电源开关，拨动“触发脉冲指示”钮子开关，使“窄”的发光管亮起。

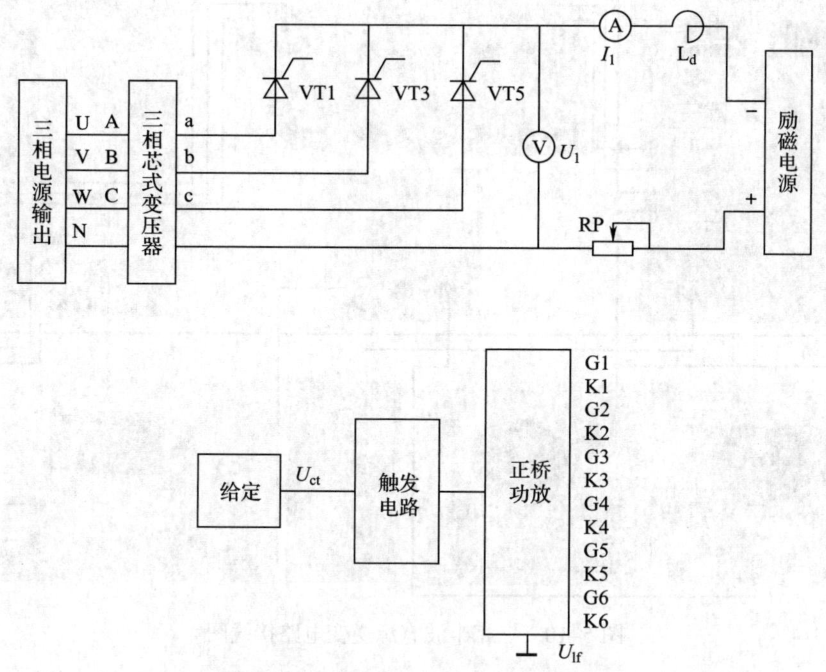

图 5–9　三相半波有源逆变实验原理电路

③观察 A、B、C 三相的锯齿波，并调节 A、B、C 三相锯齿波斜率调节电位器（在各观测孔左侧），使三相锯齿波斜率尽可能一致。

④将电源控制屏的上的给定输出 U_g 直接与 DS03 上的移相控制电压 U_{ct} 相连，将给定开关 S2 拨到接地位置（即 $U_{ct}=0$），调节 DS03 上的偏移电压电位器，用双踪示波器观察 a 相同步电压信号和“脉冲观察孔”VT1 的输出波形，使 $\alpha=170°$ 。

⑤适当增加给定电压 U_g 的正向电压输出，观测 DS03 上“脉冲观察孔”的波形，此时应能观测到双窄脉冲。

⑥将 DS03 的“触发脉冲输出”端和“触发脉冲输入”端相连，并将 DS03“触发脉冲控制”的六个开关拨至“通”，观察正桥 VT1 ~ VT6 晶闸管门极和阴极之间的触发脉冲是否正常。

2. 三相半波有源逆变电路测试

按图 5–10 接线，将负载电阻调至最大阻值，将电源控制屏上的给定输出调到零（逆时针旋到底），按下“启动”按钮。此时三相半波有源逆变电路处于逆变状态，$\alpha=150°$ ，用示波器观察电路输出电压 u_d 的波形，缓慢调节给定电位器，升高输出给定电压，观察电压表的指示，其值由负向零靠近，当到达零点时，也就是 $\alpha=90°$ ，继续升高给定电压，输出电压由零向正值升高，进入整流区。在此过程中记录 $\alpha=30°$ 、60° 、90° 、120° 时输出电压 U_2 的值及波形，并记录在表 5–4 中。

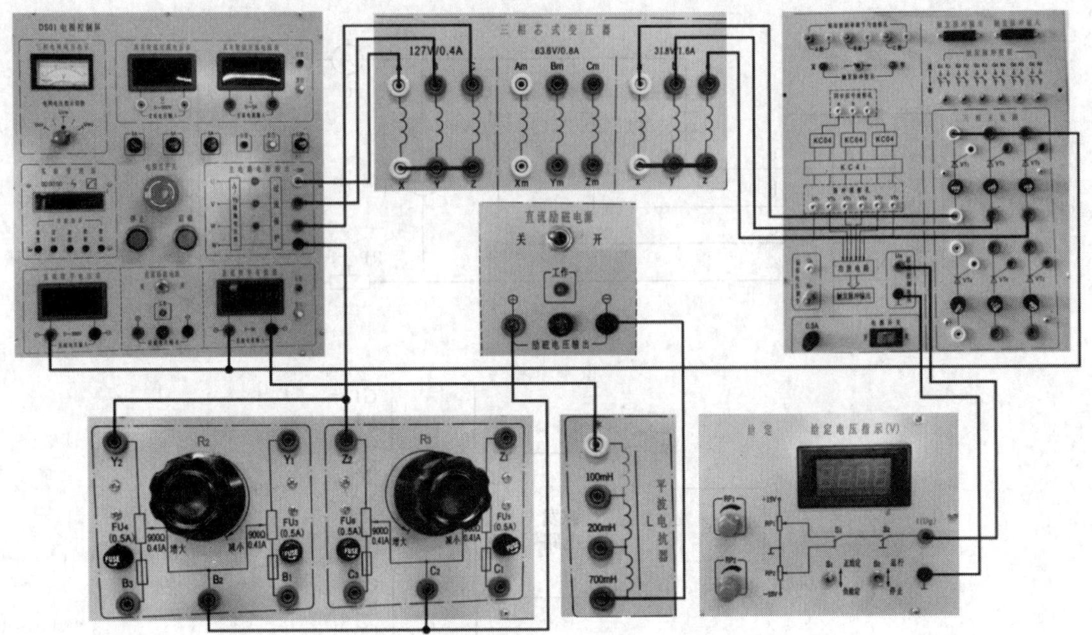

图 5-10　三相半波有源逆变电路接线图

表 5-4　　　　　　　　　　　　　　数据记录表

α	30°	60°	90°	120°
U_2/V				
U_2（计算值）/V				

1. 为防止逆变失败，逆变角必须控制在 $90° \geqslant \beta \geqslant 30°$ 范围内。即 $U_{ct}=0$ 时，$\beta=30°$，调整 U_{ct} 时，用直流电压表监视逆变电压，待逆变电压接近零时，必须缓慢操作。

2. 电阻调节要缓慢进行，以防止主电路电流过大，损坏晶闸管。

3. 在实验过程中调节 β，必须监视主电路电流，防止 β 的变化引起主电路出现过大的电流。

4. 在实验接线过程中，要注意三相芯式变压器高压侧和中压侧的中线不能接一起。

5. 如果发现脉冲相位只能移动 120° 左右就消失，这是因为 A、C 两相的相位接反了。触发电路要求相位关系按 A、B、C 的顺序排列，如果 A、C 两相相位接反就会如此，对整流实验无影响，但在逆变时，由于调节范围只能到 120°，实验效果不明显，可自行将四芯插头内的 A、C 两相导线对调，就能保证有足够的移相范围了。

五、实验报告

1. 画出实验所得的各特性曲线与波形图。
2. 对可控整流电路在整流状态与逆变状态的工作特点作比较。

思考与练习

1. 在不同工作状态时可控整流电路的工作波形有何不同?
2. 可控整流电路在 β=60° 和 β=90° 时，输出电压有何差异?

§5-3 三相桥式有源逆变电路

学习目标

掌握三相桥式有源逆变电路的基本原理和分析方法

一、三相桥式有源逆变电路工作原理

三相桥式有源逆变电路是三相桥式全控整流电路在 $\pi/2<\alpha<\pi$（对应 $0<\beta<\pi/2$）范围内作有源逆变的运行方式，因此三相全控桥式整流电路的分析方法在逆变电路分析中完全适用。图 5-11a 为三相桥式有源逆变电路的电路图，为了进行逆变，直流电机应作发电机运行，反电动势极性上负下正，与晶闸管的单向导电方向一致。这就要求直流平均电压 U_d 的极性也应上负下正，故晶闸管控制角 $\alpha \geqslant \pi/2$ 或 $\beta \leqslant \pi/2$，以便获得反极性的 u_d。

下面以 β=30° 为例，分析三相桥式有源逆变电路的工作过程，分析方法与三相半波有源逆变电路的分析方法基本相同。

在图 5-11b 所示 β=30° 处，给 VT1 ~ VT6 施加触发脉冲，图中标注的数字 1 ~ 6 表示对应标号的晶闸管的逆变角初始位置，即 β=0° 处。从 u_{g1} 脉冲处分析，由于施加到晶闸管上的是双窄脉冲，所以此时 VT1、VT6 上都有脉冲，VT6 由于此时相电压 u_V 为正值，满足导通条件而导通，尽管 u_U 此时开始变为负值，但由于电动机反电动势 E 的存在，VT1 仍然受正向电压，也能导通，故此时 VT1、VT6 同时导通，加到 u_d 两端的电压为 u_U 和 u_V 组成的线电压 u_{UV}，为负值，如图 5-11c 所示。当通过 60° 电角度，u_{g2} 脉冲到来时，VT2 导通，VT6 受反向电压关断，VT6、VT2 完成换流，而 VT1 此时仍接受双窄脉冲的第二个补偿脉冲，且由于电动机反电动势 E 的存在其仍受正压，即 VT1 仍然导通，故此 60° 区间的输出电压为 VT1、VT2 组成的线电压 u_{UW}，如图 5-11c 所示。再过 60°，当 VT3 脉冲到来时，VT1、VT3 换流，VT2 仍然导通。通过以上分析所以发现，每过 60° 总有两管换流，换流是在同一组晶闸管之间按 VT1、VT3、VT5 的顺序或 VT4、VT6、VT2 的顺序进行，每个管分

别轮流导通 120°，导通顺序依次为 VT1、VT2，VT3、VT4，VT5、VT6。每个瞬间总有上、下两个管保持导通，电动机直流能量经三相桥式逆变电路转换成交流能量送回到电网中去，即实现了有源逆变。

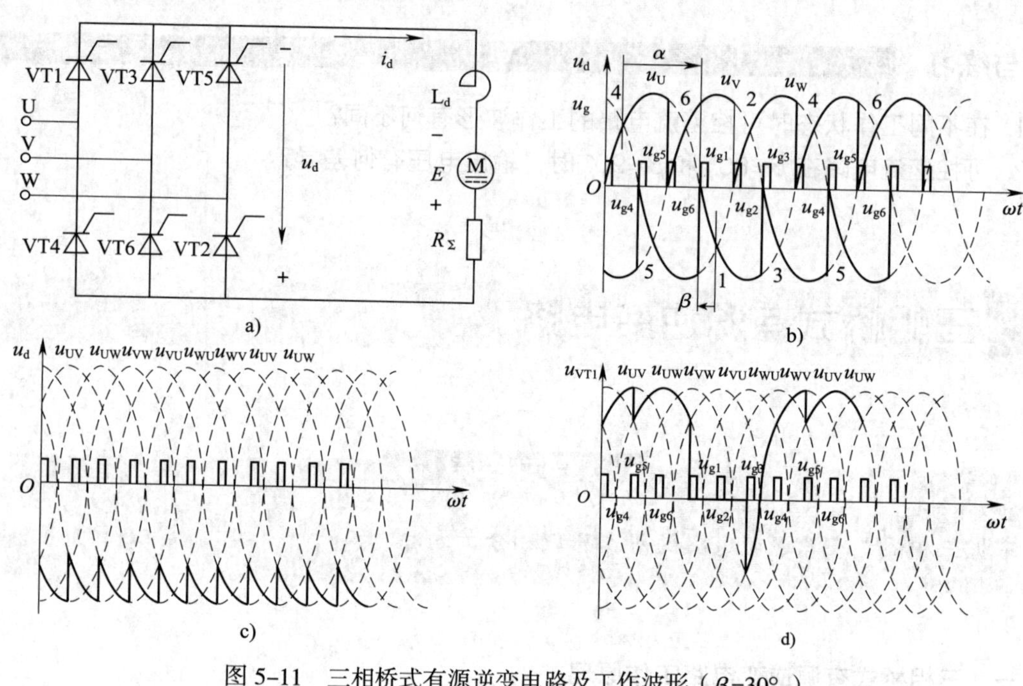

图 5-11　三相桥式有源逆变电路及工作波形（β=30°）

a）电路图　b）u_d 和 u_g 波形图　c）u_d 波形图　d）u_{VT1} 波形图

晶闸管 VT1 两端承受的电压波形如图 5-11d 所示，与三相半波有源逆变一样，晶闸管承受正向电压的时间多于承受反向电压的时间，最大值为$\sqrt{6}U_2$。由于分析的是 VT1 两端的电压，所以只有当 VT3、VT5 导通时，其两端才有波形输出，分别对应 u_{UV}、u_{UW}，其自身导通时，忽略管压降，端电压为零。

二、三相桥式有源逆变电路各电量的计算

三相桥式有源逆变时各电量的计算归纳如下：

1. 输出电压平均值

$$U_d=-2.34U_2\cos\beta \tag{5-6}$$

2. 输出电流平均值

$$I_d=\frac{U_d-E}{R_\Sigma} \tag{5-7}$$

3. 流过晶闸管的电流平均值

$$I_{dT}=\frac{1}{3}I_d \tag{5-8}$$

4. 流过晶闸管的电流有效值

$$I_T=\frac{I_d}{\sqrt{3}}\approx 0.577I_d \tag{5-9}$$

5. 流过变压器二次侧的电流有效值

$$I_2 = \sqrt{\frac{2}{3}}\ I_d \approx 0.816 I_d \tag{5-10}$$

实验与实训 13　三相桥式有源逆变电路实验

一、实验目的

1. 加深理解三相桥式有源逆变电路的工作原理。

2. 了解 KC 系列集成触发器的调整方法和各点的波形。

二、实验器材

实验所需器材明细见表 5–5。

表 5–5　　实验器材明细

序号	名称	型号	备注
1	电源控制屏	DS01	包含“三相电源输出”“励磁电源”“给定”等模块
2	晶闸管主电路	DS03	包含“触发电路”“正桥功放”“反桥功放”等模块
3	实验元器件	DS17	包含“二极管”等模块
4	变压器、可调电阻		
5	双踪示波器		自备
6	万用表		自备

三、实验电路及原理

三相桥式有源逆变实验原理电路如图 5–12 所示。主电路由三相全控整流电路及作为逆变直流电源的三相不可控整流电路组成，触发电路为 DS03 中的集成触发电路，由 KC04、KC4l、KC42 等集成芯片组成，可输出经高频调制后的双窄脉冲链。集成触发电路的原理可参考第 2 章中的有关内容。

图中负载电阻 RP 用电源控制屏可调电阻器，将两个 900 Ω 变阻器接成并联形式；电感 L_d 在电源控制屏面板上选 700 mH 的平波变抗器，直流电压表、直流电流表从电源控制屏选取。三相不可控整流及芯式变压器均在电源控制屏挂件上，其中芯式变压器用作升压变压器，逆变输出的电压接芯式变压器的低压端 a、b、c，返回电网的电压从高压端 U、V、W 输出，变压器接成Y/Y接法（三相电源的输出端 U、V、W 接到三相芯式变压器的 A、B、C 端，并一一对应；三相芯式变压器的 X、Y、Z 用导线短接；三相芯式变压器的 a、b、c 分别接到晶闸管 VT1、VT3、VT5 的阳极，并一一对应；三相芯式变压器的 x、y、z 用导线短接）。

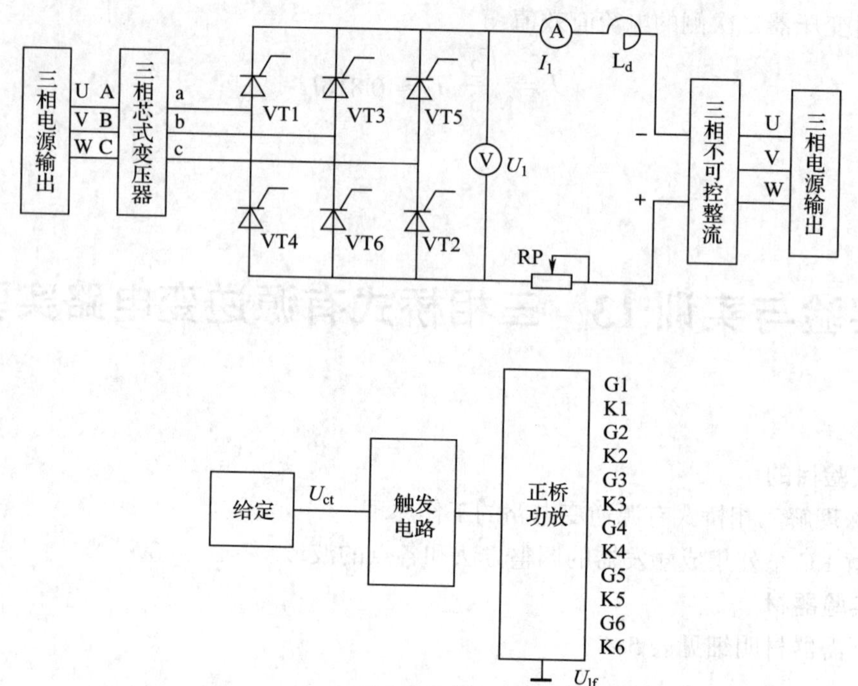

图 5–12　三相桥式有源逆变实验原理电路

四、实验内容与步骤

1. DS03 的"触发电路"调试

①打开 DS01 总电源开关，操作"电源控制屏"上的"三相电网电压指示"切换开关，观察输入的三相电网电压是否平衡。

②用 12 芯电源线连接控制屏电源，打开 DS03 电源开关，拨动"触发脉冲指示"钮子开关，使"窄"的发光管亮起。

③观察 A、B、C 三相的锯齿波，并调节 A、B、C 三相锯齿波斜率调节电位器（在各观测孔左侧），使三相锯齿波斜率尽可能一致。

④将电源控制屏的上的给定输出 U_g 直接与 DS03 上的移相控制电压 U_{ct} 相连，将给定开关 S2 拨到接地位置（即 $U_{ct}=0$），调节 DS03 上的偏移电压电位器，用双踪示波器观察 a 相同步电压信号和"脉冲观察孔"VT1 的输出波形，使 $\alpha=170°$ 。

⑤适当增加给定电压 U_g 的正向电压输出，观测 DS03 上"脉冲观察孔"的波形，此时应能观测到双窄脉冲。

⑥将 DS03 的"触发脉冲输出"端和"触发脉冲输入"端相连，并将 DS03"触发脉冲控制"的六个开关拨至"通"，观察正桥 VT1 ~ VT6 晶闸管门极和阴极之间的触发脉冲是否正常。

2. 三相桥式有源逆变电路测试

按图 5–13 接线，将电源控制屏上的给定输出调至零（逆时针旋到底），将负载电阻调至最大阻值，按下"启动"按钮。调节给定电位器，增加移相电压，使 β 角在 30° ~ 90° 范围内调节，同时，根据需要不断调整负载电阻 RP，使电流 i_d 保持在 0.6 A 左右（注意 i_d 不得超过 0.65 A）。用示波器观察并记录 β=30°、60°、90° 时，输出电压 u_d 和晶闸管两端电压 u_{VT} 的波形，并记录相应的电源电压 U_2 和负载电压 U_d 的值，填于表 5–6 中。

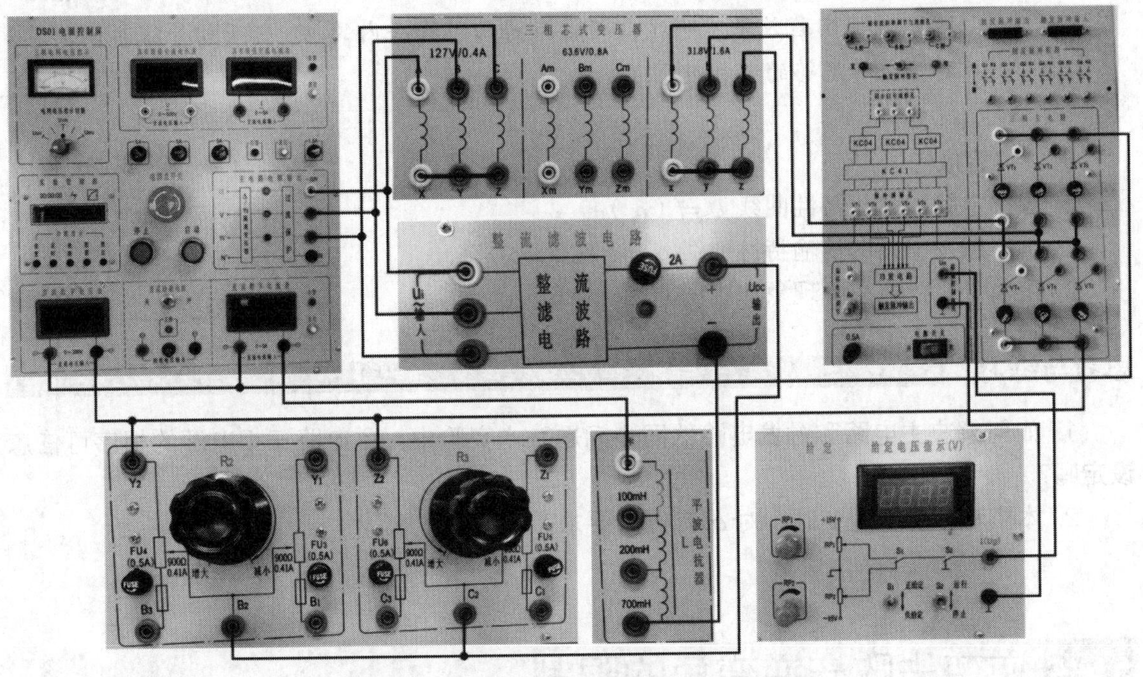

图 5–13　三相桥式有源逆变电路实验接线图

表 5–6　数据记录表

β	30°	60°	90°
U_2/V			
U_d（记录值）/V			
U_d/U_2			
U_d（计算值）/V			

提示　计算公式：$U_d=-2.34U_2\cos\beta$

3. **故障现象模拟**

当 β=60° 时，将触发脉冲钮子开关拨向“断”位置，模拟晶闸管失去触发脉冲时的故障，观察并记录这时的 u_d、u_{VT} 波形变化。

提示

1. 为了防止过流，启动时将负载电阻 RP 调至最大阻值位置。

2. 三相不可控整流桥的输入端可加接三相自耦调压器，以降低逆变用直流电源的电压值。

3. 如果发现脉冲相位只能移动 120° 左右就消失，这是因为 A、C 两相的相位接反了，这对整流状态无影响，但在逆变时，由于调节范围只能到 120°，使实验效果不明显，可自行将四芯插头内的 A、C 两相导线对调，就能保证有足够的移相范围了。

五、实验报告

1. 画出电路的移相特性曲线 $U_d=f(\alpha)$。
2. 画出触发电路的传输特性曲线 $\alpha=f(U_{ct})$。
3. 简单分析模拟故障现象产生的原因。

思考与练习

1. 如何解决主电路和触发电路的同步问题？本实验中，主电路三相电源的相序可任意设定吗？
2. 本实验整流及逆变时，对 α 有什么要求？为什么？

§5-4 逆变失败与逆变角的限制

学习目标

1. 了解逆变失败的原因和对逆变角的限制
2. 学会通过故障现象、故障波形检修线路

晶闸管变流电路工作在整流状态时，如果出现晶闸管损坏、主电路快熔烧断或触发电路脉冲丢失，造成的后果至多是缺相，输出的直流电压减小。但当变流电路运行在逆变状态时，由于晶闸管大部分时间或全部时间都导通在电压负半周期，如果某种原因导致晶闸管换相失败，本来应该在负半周期导通的晶闸管会一直导通到正半周期，从而产生输出电压 u_d 极性反向的现象，这样就会造成 u_d 和直流电动势 E 顺极性串联，形成极大的短路电流，这种情况被称为逆变失败或逆变颠覆。

一、逆变失败的原因

1. 触发电路脉冲丢失

如图 5-14b 所示，正常情况下，u_{g1}、u_{g2}、u_{g3} 间隔为 120°，轮流触发 VT1、VT2、VT3 导通。但如果由于某种原因导致 u_{g2} 脉冲本应该到来时而没有来，那么先前已经导

通的晶闸管 VT1 就不会关断而是继续导通；到 u_{g3} 脉冲来临时，由于此时 U 相电压趋于变大，W 相电压趋于变小，VT3 承受反向电压也不能导通，则 VT1 继续导通，U 相电压出现在正半周期，输出直流电压 u_d 极性反转，变为上正下负，与电动势 E 反极性串联，形成短路，造成逆变失败。

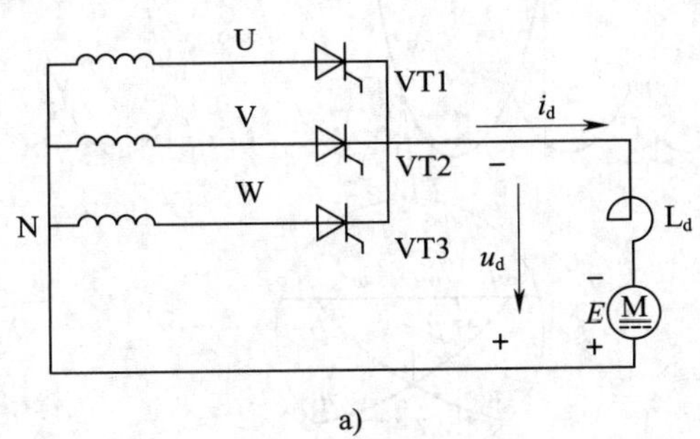

a)

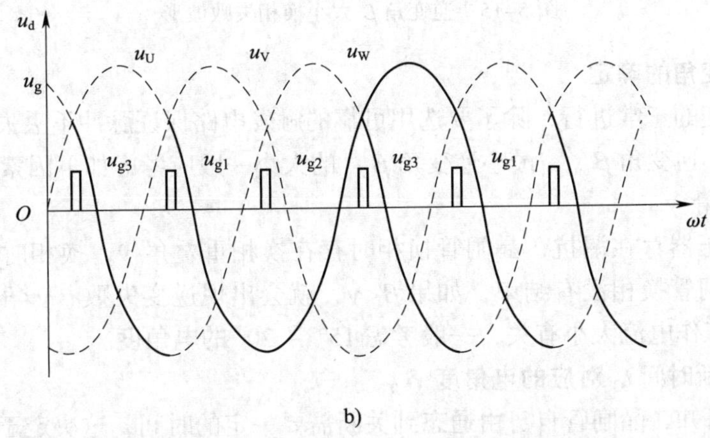

b)

图 5–14　三相半波逆变电路及逆变失败的波形

2. 逆变角 β 太小

在实际电路中，换相过程不是瞬时完成的，而是需要持续一段时间，这个换相过程持续时间对应的电角度，就是换相重叠角 γ。当 $\beta<\gamma$ 时，图 5–15 所示放大部分在 ωt_1 时刻触发晶闸管 VT2，由于 β 角太小，在过 ωt_2 时刻（β=0°）换流仍未结束，此时 U 相电压 u_U 已经大于 V 相电压 u_V，这样 VT1 仍受正压继续导通，VT2 在换相重叠角范围内短时间导通后又受反向电压关断，相当于 u_{g2} 脉冲丢失，造成逆变失败。

3. 晶闸管自身的原因

在整流（逆变）电路中，晶闸管均按照一定的规律导通或关断，电路处于正常工作状态。如果晶闸管发生故障，应阻断时失去阻断能力，应导通时不能导通，都会造成逆变失败。

4. 电源缺相

如果电路运行中发生电源缺相（如某一相的熔断器熔断），则与该相连接的晶闸管无法导通，这将导致参与换相的晶闸管无法换相而继续工作到相应电压的正半周期，从而造成逆变器电压 u_d 与电机电动势 E 反极性串联而短路，使换相失败。

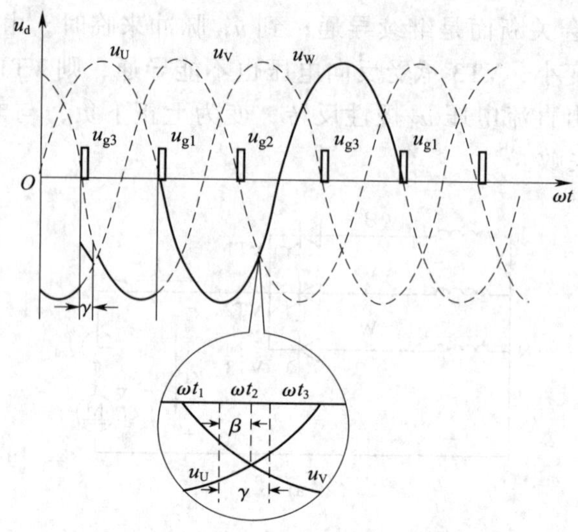

图 5-15　逆变角 β 太小换相失败波形

二、最小逆变角的确定

为了保证逆变的正常进行，除了要选用可靠的触发电路保证脉冲不丢失外，还要严格限制触发脉冲的最小逆变角 β_{min}，最小逆变角 β_{min} 的大小一般应考虑如下因素：

1. 换相重叠角 γ

由于整流变压器存在漏抗，晶闸管换相时存在换相重叠角 γ，换相时两晶闸管同时导通，在此期间晶闸管换相没有结束，如果 $\beta<\gamma$，就会出现逆变失败。γ 角的大小与变流装置的连接形式和工作电流大小有关，一般考虑 15° ~ 20° 的电角度。

2. 晶闸管关断时间 t_G 对应的电角度 δ_0

由前面分析可知，晶闸管自身由通态到关断需要一定的时间，这决定于晶闸管本身的参数，一般为 200 ~ 300 μs，这段时间对应 4° ~ 5° 的电角度。

3. 安全裕量角 θ_a

综合考虑脉冲调整的不对称、电网波动、畸变与温度的影响，还必须留一个安全裕量角 θ_a，一般取 10° 左右。

综合上述，最小逆变角为

$$\beta_{min} \geqslant \gamma+\delta_0+\theta_a \approx 30° \sim 35°$$

另外，为了有效防止 β 进入 β_{min} 区内，在要求较高的场合，可在触发电路中加一套保护线路，使 β 减小时不能移到 β_{min} 区内。还可以在 β_{min} 处设置产生附加安全脉冲的装置，此脉冲不移动，一旦工作脉冲移到 β_{min} 区内，安全脉冲保证在 β_{min} 处触发晶闸管，防止逆变失败。

想一想

分组讨论逆变失败的原因及危害。